ARENA2036

Reihe herausgegeben von
ARENA2036 e.V.
Stuttgart, Deutschland

Die Buchreihe dokumentiert die Ergebnisse eines ambitionierten Forschungsprojektes im Automobilbau. Ziel des Projekts ist die Entwicklung einer nachhaltigen Industrie 4.0 und die Realisierung eines Technologiewandels, der individuelle Mobilität mit niedrigem Energieverbrauch basierend auf neuartigen Produktionskonzepten realisiert. Den Schlüssel liefern wandlungsfähige Produktionsformen für den intelligenten, funktionsintegrierten, multimaterialen Leichtbau. Nachhaltigkeit, Sicherheit, Komfort, Individualität und Innovation werden als Einheit gedacht. Wissenschaftler verschiedener Disziplinen arbeiten mit Experten und Entscheidungsträgern aus der Wirtschaft auf Augenhöhe zusammen. Gemeinsam arbeiten sie unter einem Dach und entwickeln das Automobil der Zukunft in der Industrie 4.0.

Weitere Bände in dieser Reihe: http://www.springer.com/series/16199

Thomas Bauernhansl · Manuel Fechter
Thomas Dietz
Hrsg.

Entwicklung, Aufbau und Demonstration einer wandlungsfähigen (Fahrzeug-) Forschungsproduktion

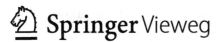
Springer Vieweg

Hrsg.
Thomas Bauernhansl
Geschäftsfeld Automotiv
Fraunhofer IPA
Stuttgart, Deutschland

Manuel Fechter
Roboter- und Assistenzsysteme
Fraunhofer IPA
Stuttgart, Deutschland

Thomas Dietz
Automotive
Fraunhofer IPA
Stuttgart, Deutschland

ISSN 2524-7247   ISSN 2524-7255 (electronic)
ARENA2036
ISBN 978-3-662-60490-8   ISBN 978-3-662-60491-5 (eBook)
https://doi.org/10.1007/978-3-662-60491-5

Die Deutsche Nationalbibliothek verzeichnet diese Publikation in der Deutschen Nationalbibliografie; detaillierte bibliografische Daten sind im Internet über http://dnb.d-nb.de abrufbar.

Geleitwort

Sehr geehrte Damen und Herren,

als einer der Gründungsväter der ARENA2036 freue ich mich, dass wir in diesem Buch die Ergebnisse des Verbundprojekts „*Forschungsfabrik Entwicklung, Aufbau und Demonstration einer wandlungsfähigen (Fahrzeug-)Forschungsproduktion*" vorstellen können. Es ist dies ein Beleg für die erfolgreiche Arbeit in einer völlig neuartigen Konstellation mit Forschungspartnern und Industriepartnern in einem gemeinsamen Gebäude.

Mitten im weltweit dichtesten Zentrum der Automobilindustrie und des Maschinenbaus bietet die Forschungsfabrik eine Integrations- und Kommunikationsarena für Hersteller, Ausrüster sowie Forschungs- und Ausbildungseinrichtungen. Einerseits sind hier gemeinsame Entwicklungsarbeiten, Ausbildungen und Technologietransfer möglich, die Fabrik dient jedoch andererseits auch als praxisgerechte Testumgebung für Industrie und Forschung.

Ziel des Verbundprojekts „Forschungsfabrik" war die Entwicklung eines ganzheitlichen, wandelbaren Produktionssystems für die Automobilproduktion von morgen. Die Innovationen dieses Verbundprojekts bestehen in neuen Konzepten für die Fahrzeugproduktion – ohne Takt und ohne Linie –, die Verbindung der typischen Leichtbauprozesse mit kollaborierender, sensitiver Robotik, die Entwicklung effizienter, wandlungsfähiger Logistiksysteme sowie einem intuitiv konfigurierbaren Informationsaustausch zwischen den verschiedenen, steuerungstechnisch heterogenen Prozessmodulen (Plug&Produce).

Für die weiteren Phasen des Forschungscampus – die voraussichtliche Gesamtlaufzeit beträgt 15 Jahre – ist geplant, die Forschungsproduktion im Hinblick auf komplexere Bauteile, innovative Fahrzeugarchitekturen und Wertschöpfungsprozesse auszubauen und langfristig zu einer Lernfabrik der nachhaltigen Automobilproduktion für Ausrüster, Fertigungsplaner und Berufsspezialisierungen weiterzuentwickeln und zu nutzen.

Für dieses Buch haben alle geförderten Partner der ersten Projektphase zu ihren jeweiligen Ergebnissen ein Kapitel beigetragen. Ich danke den Autoren der kooperierenden Unternehmen –

Bär Automation GmbH, Robert Bosch GmbH und Daimler AG, den Beteiligten der Stuttgarter Universitätsinstitute für Steuerungstechnik der Werkzeugmaschinen und

Fertigungseinrichtungen (ISW), für Industrielle Fertigung und Fabrikbetrieb (IFF) sowie für Fördertechnik und Logistik (IFT) und den Kollegen aus dem Fraunhofer IPA –
für ihre inspirierte Arbeit und dass sie uns mit diesem Buch daran teilhaben lassen.

Stuttgart, Baden-Württemberg, Deutschland   Thomas Bauernhansl

Inhaltsverzeichnis

Abkürzungsverzeichnis

AKL	Automatisches Kleinteilelager
APS	Advanced Planning and Scheduling
ARENA2036	Active Research Environment for the Next Generation of Automobiles
BMBF	Bundesministerium für Bildung und Forschung
CP(P)S	Cyberphysisches (Produktions-)System
EHB	Elektrohängebahn
ERP	Enterprise Resource Planning
FAP	Fabrikplanung
FTF	Fahrerloses Transportfahrzeug
FTS	Fahrerloses Transportsystem
HMI	Human Machine Interface
IT	Informationstechnologie
JIS	Just-in-Sequence
JIT	Just-in-Time
KLT	Kleinladungsträger
MAE	Maschinen und Einrichtungen
MES	Manufacturing Execution System
MO	mechatronische Objekte
MRK	Mensch-Roboter-Kollaboration
OEM	Original Equipment Manufacturer/Automobilfabrikant
OPC UA	Open Platform Communications Unified Architecture
PLC	Programmable Logic Controller
PPS	Produktionsplanung und -steuerung
RFID	Radio-frequency identification
SCM	Supply Chain Management
SOA	Service-Oriented Architecture
SPS	speicherprogrammierbare Steuerung
Tier	Zulieferer im automobilen Kontext

Herausgeber- und Autorenverzeichnis

Herausgeber

Thomas Bauernhansl Fraunhofer Institut für Produktionstechnik und Automatisierung IPA, Stuttgart, Deutschland

Thomas Dietz Fraunhofer Institut für Produktionstechnik und Automatisierung IPA, Stuttgart, Deutschland

Manuel Fechter Fraunhofer Institut für Produktionstechnik und Automatisierung IPA, Stuttgart, Deutschland

Autoren

Thomas Dietz Fraunhofer Institut für Produktionstechnik und Automatisierung IPA, Stuttgart, Deutschland

Manuel Fechter Fraunhofer Institut für Produktionstechnik und Automatisierung IPA, Stuttgart, Deutschland

Petra Foith-Förster Fraunhofer Institut für Produktionstechnik und Automatisierung IPA, Stuttgart, Deutschland

Florian Frick Institut für Steuerungstechnik der Werkzeugmaschinen und Fertigungseinrichtungen (ISW), Universität Stuttgart, Stuttgart, Deutschland

Dieses Forschungs- und Entwicklungsprojekt wurde mit Mitteln des Bundesministeriums für Bildung und Forschung (BMBF) im Rahmen des Forschungscampus ARENA2036 (Verbundprojekt ForschFab, Förderkennzeichen 02PQ5020 bis 02PQ5024 gefördert und vom Projektträger Karlsruhe (PTKA-PFT) betreut.
Der Bericht stellt die Ergebnisse aus dem Verbundprojekt vor. Die Verantwortung für den Inhalt dieser Veröffentlichung liegt bei den Autoren.

Christian Fries Institut für industrielle Fertigung und Fabrikbetrieb IFF, Universität Stuttgart, Stuttgart, Deutschland

Matthias Hofmann Institut für Fördertechnik und Logistik (IFT), Universität Stuttgart, Stuttgart, Deutschland

Stefan Junker Robert Bosch GmbH, Renningen, Deutschland

Philip Kirmse Bär Automation GmbH, Gemmingen, Deutschland

Artur Klos Daimler AG, Sindelfingen, Deutschland

David Korte Institut für Fördertechnik und Logistik (IFT), Universität Stuttgart, Stuttgart, Deutschland

Felix Kretschmer Institut für Steuerungstechnik der Werkzeugmaschinen und Fertigungseinrichtungen (ISW), Universität Stuttgart, Stuttgart, Deutschland

Armin Lechler Institut für Steuerungstechnik der Werkzeugmaschinen und Fertigungseinrichtungen (ISW), Universität Stuttgart, Stuttgart, Deutschland

Thomas Stark Daimler AG, Sindelfingen, Deutschland

Alexander Verl Institut für Steuerungstechnik der Werkzeugmaschinen und Fertigungseinrichtungen (ISW), Universität Stuttgart, Stuttgart, Deutschland

Marian Vorderer Robert Bosch GmbH, Nürnberg, Deutschland

Hans-Hermann Wiendahl Institut für industrielle Fertigung und Fabrikbetrieb IFF, Universität Stuttgart, Stuttgart, Deutschland

Der Forschungscampus ARENA2036

1

Max Hoßfeld und Clemens Ackermann

ARENA2036 ist Teil der Forschungscampusinitiative des Bundesministeriums für Bildung und Forschung (BMBF) und als solcher Teil der Erprobung einer neuartigen, strategischen Forschungsstruktur in Deutschland.

Ziel von ARENA2036 ist, basierend auf exzellenter, interdisziplinärer Grundlagen- und Anwendungsforschung potenziell disruptive und Sprunginnovationen hervorzubringen, diese schnell in industrielle Anwendungen zu transferieren und so einen Beitrag zur aktiven Ausgestaltung von Arbeit, Mobilität und Produktion der Zukunft im Kontext der Digitalisierung zu leisten. Der direkte Transfer der Forschungsergebnisse in die industrielle Anwendung soll die Wettbewerbsfähigkeit des Wirtschaftsstandorts Deutschland steigern und dabei neue Geschäftsmodelle auch für kleinere und mittlere Unternehmen (KMU) hervorbringen. Wesentlicher Baustein hierfür ist der interdisziplinäre Ansatz verschiedener Wissenschaftsfelder.

Um diese Ziele zu erreichen, arbeiten die ARENA2036-Partner nach dem Prinzip „industry on campus" in einer zielorientierten und kreativen Partnerschaft auf Augenhöhe gemeinsam unter einem Dach, rekombinieren komplementäre Kompetenzen und denken Grundlagenforschung, Technologietransfer und Anwendung kooperativ und vor allem neu. Ende 2017 konnte hierfür an der Universität Stuttgart die 10.000 m² große ARENA2036-Forschungsfabrik bezogen werden, welche Proximität und Vernetzung nun an einem gemeinsamen Ort ermöglicht und als Basis der Forschungscampuskultur dient.

M. Hoßfeld (✉)
Universität Stuttgart, Stuttgart, Deutschland
E-Mail: max.hossfeld@ifsw.uni-stuttgart.de

C. Ackermann
ARENA2036 eV, Stuttgart, Deutschland

© Springer-Verlag GmbH Deutschland, ein Teil von Springer Nature 2020
T. Bauernhansl et al. (Hrsg.), *Entwicklung, Aufbau und Demonstration einer wandlungsfähigen (Fahrzeug-) Forschungsproduktion*, ARENA2036,
https://doi.org/10.1007/978-3-662-60491-5_1

2013 mit sieben Partnern und vier Verbundprojekten gestartet, forschen heute über 30 Partner aus Wissenschaft und Industrie gemeinsam an den Themen Produktion, Mobilität, Arbeit der Zukunft und Digitalisierung. Seit Gründung der ARENA2036 wurden insgesamt etwas über 100 kooperative Projekte initiiert, deren Ergebnisse sowohl in die Lehre als auch zu den Industriepartnern transferiert werden. Ein Transfer der Ergebnisse in die Breite erfolgt kontinuierlich – hierzu zählen bspw. Industrie- und Technologieseminare, Ausstellungen auf der Hannover Messe, Präsentation auf wissenschaftlichen Konferenzen, wie auch die Öffnung der Tore der ARENA zum Tag der offenen Tür an der Universität Stuttgart oder im Rahmen von Firmenveranstaltungen.

Die Förderung der Forschungscampusse ist vom BMBF in drei Phasen von je fünf Jahren unterteilt. Dieses Phasenmodell bietet eine langfristige Perspektive und ermöglicht eine kontinuierliche Weiterentwicklung – und ggf. Anpassung – der Forschungsstrategie. ARENA2036 untergliedert die vorgegebenen 15 Jahre in (1) den Aufbau der Forschungsfabrik sowie des Partner- und Projektportfolios, (2) die Etablierung der Forschungslandschaft sowie die Stabilisierung der Zusammenarbeit und (3) die Schaffung einer selbsttragenden Forschungsinfrastruktur, welche es ermöglicht die Vision2036 jenseits der öffentlichen Förderung weiter zu verfolgen.

Im Folgenden werden die Ergebnisse des Phase-I-Projekts *Forschungsfabrik: Produktion der Zukunft* (ForschFab) vorgestellt. Das vorliegende Buch ist Teil einer Reihe, die neben ForschFab auch die weiteren Forschungsprojekte der ersten Phase umfasst. Die Projekte *Ganzheitlicher digitaler Prototyp für die Großserienproduktion* (DigitPro), *Intelligenter Leichtbau durch Funktionsintegration* (LeiFu) und die Begleitforschung *Kreativität – Kooperation – Kompetenztransfer* (KHoch3) werden in jeweils eigenen Bänden der Buchreihe besprochen.

Obwohl die drei ingenieurwissenschaftlichen Projekte der ersten Phase technische Schnittstellen aufweisen, wurden diese während der Laufzeit hauptsächlich durch die Begleitforschung miteinander verknüpft. Die Projekte der zweiten Phase wurden hingegen bewusst als Plattformprojekte konzipiert, sodass es vielfache Schnittstellen gibt, die einerseits die Kooperation stärken und andererseits Synergieeffekte erzeugen, die wiederum Rekombinationen von Projektergebnissen zulassen. Des Weiteren können neu identifizierte komplementäre Kompetenzen und Partner während der Laufzeit effizient integriert werden. Die Verbundprojekte der zweiten Phase greifen vollumfänglich die Ergebnisse der ersten Phase auf und entwickeln diese weiter. Sie orientieren sich dabei an den genannten strategischen Säulen der ARENA2036 – Mobilität, Digitalisierung, Arbeit der Zukunft und Produktion. Die Projekte der zweiten Phase sind:

- **FlexCAR** – FlexCAR ist eine offene, modulare Fahrzeugplattform für die Mobilität der Zukunft. Das Konzept hebt sich von bisherigen Plattformkonzepten durch die vollständige Öffnung und Zugänglichmachung aller Soft- und Hardwareschnittstellen für Anbieter und somit der vollständigen Entkopplung der Entwicklungszyklen von Einzelkomponenten und Fahrzeuggesamtsystem ab. Hierdurch können Fahrzeuge kontinuierlich und dezentral weiterentwickelt werden und sind permanent update- als auch upgradefähig. Durch die aktiv auftretenden Anbieter ergeben sich einerseits gänzlich neue Geschäftsmodelle, andererseits transformiert sich die Zulieferpyramide hin zu einem dynamischen Wertschöpfungsnetzwerk. Dabei wandelt sich die Tätigkeit des heutigen Integrators hin zum Plattformanbieter und hin zur Konfiguration.

- **Digitaler Fingerabdruck** – Zentrales Ziel des digitalen Fingerabdrucks ist die Weiterentwicklung von Bauteilen zu Industrie-4.0-Komponenten und damit einhergehend die Schaffung einer Basis für eine intelligente Wertschöpfungskette. Der Mehrwert eines Bauteilindividuums liegt in der Möglichkeit, Fertigungsprozesse individuell und dynamisch zu konfigurieren, hierdurch ein hohes Maß an Flexibilität zu gewährleisten und Bauteile zu jedem Zeitpunkt ihres Lebenszyklus, wie etwa während der Nutzungsphase, bewerten zu können. Der Mehrwert für einen Bauteiltyp wird durch eine Flotte individuell identifizierbarer Bauteile erreicht. So können etwa direkt Rückschlüsse aus realen Belastungsfällen oder Herstellprozessen gezogen und systematisch Design-Änderungen abgeleitet sowie Prozesse und Bauteile automatisiert weiterentwickelt werden.

- **Agiler InnovationsHub** – der agile InnovationsHub avisiert die Implementierung sowohl eines virtuellen als auch eines physischen Raums zur methodischen Unterstützung und Beschleunigung von interdisziplinären und transorganisatorischen Zusammenarbeits- und Innovationsprozessen. Zentral sind hierbei die kooperative Innovationskultur, eine intelligente Visualisierungskultur und eine lernprozessorientierte Wissenskultur.

- **Fluide Produktion** – Die fluide Produktion hat zum Ziel, ein menschzentriertes, cyberphysisches Produktionskonzept zu entwerfen und zu implementieren. Hierfür werden alle Produktionsmittel in ortsflexible, d. h. fluide, Fertigungsmodule aufgebrochen, um so auf dynamische Weise virtuelle Maschinen bilden zu können, wobei die übliche Trennung zwischen Wertschöpfung und Logistik entfällt. Das Ergebnis ist ein neuartiges Produktionssystem, welches mit minimalen Festlegungen auskommt und Entscheidungen direkt bis kurz vor die eigentliche Wertschöpfung flexibel ermöglicht.

Einleitung

2

Thomas Dietz und Manuel Fechter

Zusammenfassung

Das nachfolgende Kapitel beschreibt die Herausforderungen an eine moderne Automobilproduktion aus der Sicht der Konsortialpartner im Jahre 2013. Die Verarbeitung von neuen Materialien und die Integration des funktionalen Leichtbaus in die Großserie, die Beherrschung der Komplexität in der Produktion, sowie die Zunahme der Produktvarianten unter Berücksichtigung unsicherer Antriebskonzepte standen bei den Vorüberlegungen im Mittelpunkt. Die propagierte Lösung ist ein neuartiges Produktionskonzept für die Automobilproduktion ohne Band und Takt, welches im Zeitraum von 2013–2018 in der ARENA2036 prototypisch realisiert wurde.

Die wirtschaftliche Fahrzeugproduktion der Zukunft befindet sich im Spannungsfeld mehrerer, gleichzeitig zu lösender komplexer Anforderungen: die Beherrschung alternativer Antriebskonzepte und neuer Produktstrukturen, die großserienfähige Verarbeitung von neuen Materialien und Leichtbaumodulen, nachhaltiges Wirtschaften sowie die variantenreiche Serienproduktion in volatilen Märkten.

Um diesen Anforderungen gerecht zu werden, bedarf es eines radikal neuen, ganzheitlichen Produktionskonzepts im Sinne künftiger Wandlungsfähigkeit für den funktionsintegrierten Leichtbau. Die Ergebnisse der Produktionsforschung des Projektes ForschFab werden in diesem Buch beschrieben und am Beispiel des Fahrzeug-Bodenmoduls und der Endmontage der Fahrzeugtür in einer ersten Ausbaustufe demonstriert.

T. Dietz · M. Fechter (✉)
Fraunhofer Institut für Produktionstechnik und Automatisierung IPA, Stuttgart, Deutschland
E-Mail: manuel.fechter@ipa.fraunhofer.de

© Springer-Verlag GmbH Deutschland, ein Teil von Springer Nature 2020   5
T. Bauernhansl et al. (Hrsg.), *Entwicklung, Aufbau und Demonstration einer wandlungsfähigen (Fahrzeug-) Forschungsproduktion*, ARENA2036,
https://doi.org/10.1007/978-3-662-60491-5_2

Insbesondere werden Betriebsmittel, Steuerungstechnik, Prozesse, Logistik und Organisation nach Grundlagen der wandlungsfähigen Produktion ganzheitlich erforscht und im Kontext einer künftigen Produktion implementiert. Die aus dieser Forschung resultierende Forschungsfabrik (ForschFab) stellt das weltweit erste wandlungsfähige Produktionssystem für die Erforschung und Vermittlung eines kompletten Fabrikbetriebs für die Automobilproduktion dar.

Die wissenschaftlichen und technischen Innovationen dieses Projekts bestehen in der Erforschung und Erprobung eines grundsätzlich neuen Konzepts für die Fahrzeugproduktion „ohne Band und Takt", in der Verbindung der typischen Fertigungsprozesse der Leichtbautechnologie mit moderner, sensitiver Robotik, der Entwicklung effizienter, wandlungsfähiger Logistiksysteme sowie einer einfachen Inbetriebnahme der Prozessmodule (Plug&Produce).

Die erwähnten Ansätze ermöglichen die Realisierung einer Automobilproduktion, welche den einleitend formulierten wirtschaftlichen und technologischen Anforderungen einer Fahrzeugproduktion der Zukunft genügt: Im Vergleich zu einer konventionell geplanten Fabrik der Automobilfertigung ist die wandlungsfähige Fabrik innerhalb kürzester Zeit rekonfigurierbar und kann somit Änderungen des Produktspektrums, des Antriebskonzepts, des Variantenmixes, der geforderten Stückzahl und der Produktstruktur gerecht werden. Angestrebt wird die Rekonfigurierbarkeit der Fabrik innerhalb eines Wochenendes. Die Fabrik erfüllt mit kurzen Durchlaufzeiten, einer hohen Produktivität und vergleichsweise geringen Investitionen auch die Anforderungen an nachhaltige Wirtschaftlichkeit im Produktionsbetrieb. Gegenüber der heutigen Linienfertigung soll die Wirtschaftlichkeit erheblich gesteigert werden. Insgesamt werden die folgenden Zielkriterien der Produkt- und Produktionsentwicklung angestrebt:

- Reduktion der variantengetriebenen Komplexitätskosten bei gleichzeitig hohem Individualisierungsgrad, messbar in Euro.
- Reduktion der Komplexität der Produktionsprozesse, indiziert durch die Anzahl der unterschiedlichen Produktionsschritte.
- Reduktion der Durchlaufzeit pro Produktionseinheit.
- Einsparung der genutzten Produktionsfläche inklusive Logistikflächen.
- Skalierbare Automation durch Mensch-Maschine-Kooperation, messbar in Produktionskosten pro Produktionseinheit bei stark schwankenden Stückzahlen.
- Ressourceneffizienz, messbar z. B. durch Daten aus einem Life Cycle Assessment, nicht nur in Bezug auf Fahrzeugbetriebskosten, sondern auch in Bezug auf Produktionsaufwendungen.

Für nachfolgende Phasen der Laufzeit des Forschungscampus ist geplant, die Forschungsproduktion weiter zu flexibilisieren und im Hinblick auf erweiterte Produktspektren der Zulieferindustrie, komplexere Bauteile und umfänglichere Produktionsabläufe auszubauen. Die Produktion soll langfristig zu einer Lernfabrik der nachhaltigen Automobilproduktion für Ausrüster, Fertigungsplaner und Berufsspezialisierungen weiterentwickelt werden.

2.1   Aktuelle Situation

Aktuelle Innovationen im Fahrzeugbau wie z. B. die Koexistenz alternativer Antriebe (Hybrid, Range-Extender, Brennstoffzelle, Batterie, Gas), Leichtbaumodule (Bewältigung der Werkstoffvielfalt bei hoher Funktionsintegration), Systeme zur Unfallsicherheit sowie die Integration von Assistenz- und Entertainmentsystemen implizieren komplexe Anforderungen an künftige Fahrzeugproduktionen. Hinzu kommen immer schnellere Innovationszyklen der im Fahrzeug eingesetzten Technologien und gestiegene Kundenanforderungen an die Integration von Innovationen in das Fahrzeug. Gleichzeitig ist die Planung und der Betrieb von Produktionen zunehmend Unsicherheiten ausgesetzt: die sich fortsetzende Globalisierung, unvorhersehbares Kundenverhalten und ein – oft tagesaktuell geprägtes – volatiles Geschäftsumfeld.

Entsprechend den beschriebenen Anforderungen ergeben sich die nachfolgenden Randbedingungen für eine gegenwärtige Automobilproduktion:

- Eine getaktete Linie (mit Taktzeiten von 30–40 s, vereinzelt bis mehrere Minuten), in der ein Fahrzeug typischerweise innerhalb von 30–50 h montiert wird [1],
- der Karosseriebau („Body-in-White") und die Lackierung („Paintwork") sind bereits heute stark automatisiert,
- die Montage („Body Assembly") erfolgt zu 90–100 % manuell [2].

Dieses System wird angesichts aktueller Herausforderungen als produktionstechnisch zu unflexibel, bei nicht ausgelasteten Kapazitäten als zu teuer, und angesichts globalisierter Produktionsnetzwerke als zu zentralisiert angesehen. Die Anforderungen an eine Automobilproduktion der Zukunft sind wie folgt motiviert:

**Marktverschiebungen in aufstrebende Wirtschaftsgebiete („Emerging Countries")
und gleichzeitige Sicherung der inländischen Produktionsstandorte**
Bis 2030 werden 3 Milliarden neue Konsumenten aus den „Emerging Markets" in den Mittelstand aufsteigen, die mit Ansprüchen an eine moderne Lebensführung [3] aufwarten. Auch dort wird das Auto zu den wichtigsten Gütern und Statussymbolen zählen. Die Produktion in diesen Märkten begünstigt den lokalen Absatz mit der Folge, dass die deutsche Autoindustrie, und damit auch die Ausrüstungsindustrien (Maschinen, Anlagen, investitionsbegleitende Dienstleistungen), internationaler agieren müssen [4]. Diese Herausforderungen sind aktiv zu gestalten, u. a. durch die Nutzung lokaler (Lohn-)Kostenvorteile, die Adaption an lokale Möglichkeiten, z. B. in Bezug auf die eingesetzte Produktionstechnik oder das Qualifikationsniveau, sowie die Vermeidung von Überkapazitäten innerhalb eines weltweiten Produktionsnetzwerks.

(Global) Produzieren in volatilen Märkten
Verlässliche Stückzahlprognosen zur Planung wirtschaftlich optimaler Serienproduktionen wird es immer weniger geben. Zu sehr hängen Stückzahlen für alternative Antriebsausführungen von nicht vorhersehbarem Käuferverhalten ab, ausgelöst z. B. durch gesell-

schaftliche Trends oder politische Entscheidungen. Märkte können erhebliche lokale Dynamik aufweisen mit starken Rückwirkungen auf weltweite Produktions- und Logistiknetzwerke.

Explosion der Variantenvielfalt durch unterschiedliche Antriebsstränge

Neben der heute aus Individualisierung resultierenden Variantenvielfalt (kundenindividuelle Ausstattungen) werden zusätzlich alternative Antriebsausführungen nebeneinander existieren und im Mix produziert werden. Dies muss für jede Antriebsalternative im Sinne einer positiven Markenidentität qualitativ hochwertig zu attraktiven Preisen erfolgen. Verstärkt wird dieser Trend durch neue Nutzungsmodelle von Fahrzeugen, wie z. B. Carsharing, und das autonome Fahren. Mittelfristig werden weitere an diese Nutzungsmodelle angepasste Fahrzeugvarianten entstehen. Diese werden z. B. in Hinblick auf Langlebigkeit, Wartbarkeit sowie Update- und Upgradefähigkeit neue Anforderungen mit sich bringen.

Neue massenproduktionsfähige Füge und Leichtbaufertigungsverfahren

Leichtbau gilt als aufwendig, niedrig automatisiert und im Automobilmaßstab nicht großserienfähig. So sind die aus der Luftfahrt bekannten Fertigungstechniken (z. B. Flechten, Weben, Drapieren) aufgrund des um den Faktor 100 höheren erforderlichen Produktionsdurchsatzes nur teilweise übertragbar. Da Teilezahl- und Gewichtsreduktion zentrale Optimierungskriterien sind, bieten z. B. Faserverbundwerkstoffe durch ihren Aufbau und Herstellungsprozess attraktive Möglichkeiten zur Integration von strukturellen, thermischen, sensorischen und elektrischen Funktionen, wie z. B. integrierte Schall- und Wärmedämmung, Integration von Masseleitungen sowie integrierte Flüssigkeits- oder Energiespeicher. Durch die so erzielte Verringerung der Teileanzahl und der verbundenen Montageschritte kann das Gewicht nochmals deutlich reduziert, Wertschöpfungsketten optimiert und letztlich Kosten eingespart werden. Gleichzeitig haben Funktionsintegration und Leichtbau eine erhebliche Rückwirkung auf den Aufbau eines Fahrzeugs und damit auch auf Aspekte wie Modularisierung und Variantenbildung, Montage, Fertigungsorganisation und Fabrikbetrieb. Auch im Bereich der klassischen Werkstoffe im Automobilbau finden stetig weitere Innovationen statt, welche die Anzahl der in der Fabrik zu beherrschenden Materialkombinationen und Fügeverfahren vervielfachen.

Altersstruktur der Belegschaft und Qualifizierungsbedarfe

Das Durchschnittsalter in der Produktion steigt kontinuierlich an. Dies hat Konsequenzen für die Gestaltung der Arbeitsplätze in der Automobilproduktion. Dabei zeigt sich, dass eine einfache ergonomische Verbesserung von Fließbandarbeitsplätzen, wie z. B. die Taktzeiterhöhung um 20 bis 40 Sekunden, in Verbindung mit reduzierten Bewegungsräumen und standardisierten Bewegungsabläufen wenig wirksam ist. Weit effektiver für ältere Arbeitnehmer ist eine Kombination von Jobrotation und einem Mix unterschiedlicher Beanspruchungen [5]. Im selben Maße steigen Qualifikationsanforderungen in allen Unternehmensbereichen und damit auch Rekrutierungs- und Qualifizierungsanstrengungen vor dem Hintergrund der o. g. technologischen Trends und Produktionsanforderungen. Technische Lösungen müssen dabei von der älteren Belegschaft zu beherrschen und intuitiv bedienbar sein.

Für die Forschungsarbeiten stand die Frage im Mittelpunkt, wie nachhaltig mit einem hohen Wertschöpfungsanteil in Deutschland für einen globalen Markt produziert werden kann. Die Fähigkeit, den Anforderungen eines globalen volatilen Marktes mit stetigem Wandel zu begegnen, entwickelt sich zur entscheidenden Kernkompetenz produzierender Unternehmen.

Der Kritik der EU-High-Level-Group über die Entkopplung von Technologieentwicklung und produktionstechnischer Umsetzung in Forschungsinitiativen [6] sollte im Rahmen der Forschungsfabrik begegnet werden, indem alle entwickelten Methoden, Lösungsansätze und Instrumentarien direkt in einer ganzheitlichen realen Produktionsumgebung erprobt werden.

Der damit verbundene Technologietransfer innovativer Produktionstechnologie findet im Rahmen der ARENA2036 in enger Kooperation durch den Verbund an Partnern aus Industrie und Forschung statt.

Literatur

1. Aoki K, Stäblein TTT (2012) Monozukuri capability to address product variety: a comparison between Japanese and German automotive makers. In: Manufacturing Management Research Center (MMRC), University of Tokyo, Japan
2. International Federation of Robotics (IFR) (2012) World robotics – industrial robots 2012. IFR Statistical Department, Frankfurt am Main
3. Heimann E (2012) Perspektiven deutscher Automobilhersteller in den Zukunftsmärkten, Juni. www.dbresearch.de. Zugegriffen im Dez. 2012
4. Sven S, Angehrn P, Schmitt P (2013) Market study: automation in the automotive industry. Roland Berger Strategy Consultants, Zürich
5. Diaz JAE, Frieling E (2011) Altersgerechte Arbeitsplatzgestaltung in der Automobilindustrie. ATZproduktion 4(4):46–50
6. European Commission (2011) Final report of the high-level expert group on key enabling technologies, Juni. http://ec.europa.eu/enterprise/sectors/ict/files/kets/hlg_report_final_en.pdf

Bewertung der Wandlungsfähigkeit eines Produktionssystems

3

Manuel Fechter und Thomas Dietz

Zusammenfassung

Die quantitative Bewertung der Wandlungsfähigkeit für die verschiedenen Ebenen der Produktion – Montagesystem, Montagelinie und Fabrik – steht im Mittelpunkt der Betrachtungen für ein gemeinsames Verständnis der Problemstellung und der Herausforderungen in der automobilen Produktionstechnik. Am Beispiel der Bewertung eines Montagesystems soll das Vorgehen und der theoretische Hintergrund zu Erhebung des ermittelten Wandlungsfähigkeitsindex (WiFit) erläutert werden. Dazu wird im Detail auf mögliche Ziele der Wandlungsfähigkeit, zugehörige Treiber und Befähiger sowie das schematische Vorgehen eingegangen.

Für die Bewertung der Wandlungsfähigkeit von Produktionsstrukturen wurden zu Beginn der Forschungsfabrik gemeinsame Bewertungssysteme entwickelt, um das Potenzial zur Wandlung einer Fabrik, Linie oder Anlage anhand definierter Wandlungstreiber [1] (siehe Tab. 3.2) in einem Kennzahlensystem erfassen und beurteilen zu können. Dieses Vorgehen sollte die am Konsortium beteiligten Partner für die Zusammenhänge der Wandlungsfähigkeit im Anwendungsfall einer Automobilproduktion sensibilisieren und einen gemeinsamen Ausgangspunkt für darauf aufbauende Entwicklungen liefern.

Im Kontext der ARENA wurden in mehreren Expertenworkshops die nachfolgenden Ziele der Wandlung von Produktionssystemen identifiziert, die in Tab. 3.1 nachgelesen werden können:

M. Fechter (✉) · T. Dietz
Fraunhofer Institut für Produktionstechnik und Automatisierung IPA, Stuttgart, Deutschland
E-Mail: manuel.fechter@ipa.fraunhofer.de

© Springer-Verlag GmbH Deutschland, ein Teil von Springer Nature 2020
T. Bauernhansl et al. (Hrsg.), *Entwicklung, Aufbau und Demonstration einer wandlungsfähigen (Fahrzeug-) Forschungsproduktion*, ARENA2036,
https://doi.org/10.1007/978-3-662-60491-5_3

Für die Wandlungstreiber, also intrinsische oder extrinsische Faktoren, die eine zunehmende Wandlung der Produktion bedingen, wurde die Auflistung in Tab. 3.2 erarbeitet:
Den Wandlungstreibern stehen mehrere Wandlungsbefähiger gegenüber. Dabei handelt
es sich um grundlegende Prinzipien, die eine Steigerung der Wandlungsfähigkeit ermöglichen. Es wurden sechs Wandlungsbefähiger [1] für die Forschung im Rahmen der
ARENA2036 identifiziert, nachzulesen Tab. 3.3:
Die genannten Kriterien und Ziele aus den Tabellen (Tab. 3.1, 3.2 und 3.3) spannen dabei den Lösungsraum einer wandlungsfähigen Fahrzeugproduktion auf. Im Rahmen des
Projekts wurde ein Bewertungssystem entwickelt mit dem Produktionssysteme innerhalb
dieses Lösungsraums verortet und miteinander verglichen werden können. Es handelt sich
um einen Fragenkatalog, der es dem Planer ermöglicht, sein vorliegendes Produktionskonzept in den Dimensionen Wandlungsziele, -treiber und -befähiger zu bewerten und das entworfene System in Relation zu bestehenden, bereits evaluierten Anlagen zu setzen.

Zusätzlich zu den bereits genannten Kriterien wurden die einzelnen Fragen den 5M des
Prozessmodells des Qualitätsmanagements zugeordnet, um die Wirkungsrichtung auf die
prozessbestimmenden Eigenschaften zu identifizieren. So ist eine zielgerichtete und den

Tab. 3.1 Identifizierte Ziele der Wandlung

Kurzform	Bezeichnung	Beschreibung
AS	Assets	Die Zielgröße **AS** bezeichnet jegliche Form von physischem Vermögen z. B. in Form von technischen Anlagen.
AT	Automatisierung	Die Zielgröße **AT** beschreibt die Möglichkeit Arbeiten ohne oder mit reduziertem Personal zu bewerkstelligen, die zuvor manuell durchgeführt wurden.
IN	Innovation	Die Zielgröße **IN** beschreibt Neuerungen, die einen technischen Vorsprung am Markt darstellen.
KP	Kompatibilität	Die Zielgröße **KP** bezeichnet jegliche Produktionsfaktoren, die zur Leistungserstellung in einem bestimmten Zeitraum zur Verfügung stehen.
KO	Kosten	Die Zielgröße **KO** bezieht sich auf jegliche monetären Größen, die zur betrieblichen Leistungserstellung notwendig sind. Die Kosten stehen dabei im Spannungsfeld zu Qualität und Zeit.
MB	Mobilität	Die Zielgröße **MB** bezieht sich auf die räumliche Beweglichkeit von Objekten.
QU	Qualifikation	Die Zielgröße **QU** beschreibt die Fachkompetenz des Personals in einem bestimmten Arbeitsbereich.
RS	Ressourcen	Die Zielgröße **RS** bezieht sich auf alle materiellen und immateriellen Güter, die zur Leistungserbringung notwendig sind.
ST	Standardisierung	Die Zielgröße **ST** bezieht sich auf die Vereinheitlichung von Verfahren, Größen o. Ä. mit dem Ziel eine Gemeingültigkeit zu erreichen.
ZT	Zeit	Die Zielgröße **ZT** bezieht sich im weiteren Sinne auf die Fristeinhaltung von Terminen. Die Zeit steht dabei im Spannungsfeld zu Kosten und Qualität.
–	leer	Das Ziel ist bisher nicht definiert.

Tab. 3.2 Identifizierte Wandlungstreiber

Kurzform	Bezeichnung	Beschreibung
1	Stückzahlschwankung	Der **erste** Wandlungstreiber umfasst kurzfristige Stückzahlschwankungen, wie z. B. saisonale Effekte.
2	Stückzahländerung	Der **zweite** Wandlungstreiber beschreibt dauerhafte Stückzahländerungen und somit ein verändertes Basisniveau, wie z. B. nachhaltige Nachfrageveränderungen.
3	Variantenmix	Der **dritte** Wandlungstreiber beschreibt Veränderungen des Variantenmix, die z. B. durch Einführung eines neuen Typs oder Verschiebung der einzelnen Typenanteile ausgelöst werden.
4	Produktportfolio	Der **vierte** Wandlungstreiber umfasst die Veränderung des Produktportfolios durch Erweiterung oder Wegfall eines Produkts.
5	Verschiebung Absatzmärkte	Der **fünfte** Wandlungstreiber betrachtet die Verschiebung von Absatzmärkten, z. B. durch veränderte Wertschöpfungstiefe oder verlagerte Produktionsstandorte.
6	Kostendruck	Der **sechste** Wandlungstreiber umfasst alle monetären Verpflichtungen.
7	Produktlebenszyklus	Der **siebte** Wandlungstreiber befasst sich mit kürzer werdenden Produktlebenszyklen aufgrund von Marktdruck, stärker werdender Kundenorientierung, Diversifikation, u. Ä.
8	Neue Technologien	Der **achte** Wandlungstreiber bezieht sich auf Veränderungen, die durch Innovationen/neue Technologien bewirkt werden.
9	IT	Der **neunte** Wandlungstreiber umfasst Neuerungen in der Steuerungstechnik oder dem Datenmanagement etc.
10	Geeignetes Personal	Der **zehnte** Wandlungstreiber betrachtet die Verfügbarkeit von geeignet qualifiziertem Personal.
11	Ressourcenverfügbarkeit	Der **elfte** Wandlungstreiber bezieht sich auf die Unsicherheit der Verfügungslage von geeigneten Ressourcen wie z. B. Energie, Material oder Kapital.
12	Normative Rahmenbedingungen	Der **zwölfte** Wandlungstreiber beschreibt die Verträglichkeit gegenüber normativen Rahmenbedingungen, wie z. B. Sicherheitsstandards, Normen oder Gesetzen.
13	Innere Organisation	Der **dreizehnte** Wandlungstreiber umfasst die Veränderung der inneren Organisation, wie z. B. der Abteilungsgröße oder Firmenkultur.

Tab. 3.3 Identifizierte Wandlungsbefähiger

Kurzform	Bezeichnung	Beschreibung
KT	Kompatibilität	**KT** beschreibt die Verträglichkeit mit den Systemanforderungen bzw. die Verknüpfbarkeit mit anderen Fabrikobjekten.
MB	Mobilität	**MB** bezieht sich in diesem Fall größtenteils auf die räumliche Beweglichkeit von Objekten.
MD	Modularität	**MD** bezieht sich auf den Aufbau von Fabrikobjekten und bezeichnet die Fähigkeit, Form und Funktion von Objekten zu vereinen. Einzelne, unabhängige Elemente interagieren dabei über geeignete Schnittstellen.
NE	Neutralität	**NE** bezeichnet die Fähigkeit, andere Fabrikobjekte in ihren Eigenschaften nicht zu beeinflussen.
SK	Skalierbarkeit	**SK** bezeichnet die Fähigkeit sowohl durch Hinzufügen oder Hinwegnehmen von Ressourcen, die Leistung eines Systems zu erweitern oder einzuschränken. Dabei kann es sich sowohl um technische, organisatorische oder räumliche Ressourcen handeln.
UN	Universalität	**UN** bezeichnet die Unveränderlichkeit des Fabrikobjekts. Es kann für verschiedenste Aufgaben eingesetzt werden und ist unempfindlich gegenüber Umgebungseinflüssen.
–	leer	Der Wandlungsbefähiger ist bisher nicht definiert.

Designprozess unterstützende, quantitative Bewertung einzelner Aspekte der Wandlungsfähigkeit möglich.

Am Beispiel der Bewertung der Ebene der Montagestationen wird das Vorgehen im Detail erläutert. Der Fragebogen besteht in diesem Fall aus 54 inhaltlichen Fragen plus 10 klassifizierenden Fragen hinsichtlich dem Kontext der Montageapplikation und -technologie.

Die Klassifizierung wurde eingeführt, da in der übergreifenden Bewertung nur technologieähnliche Stationen miteinander verglichen werden sollen. Weiterhin hat die Struktur der einzelnen Produktionskonzepte und die Einordnung im Fabrikkontext einen starken Einfluss auf die Bewertung der Wandlungsfähigkeit. Montagesysteme sollten aus diesem Grund nicht generisch miteinander verglichen werden, da dies die übergreifende Aussage der Bewertung verfälschen würde.

Tab. 3.4 zeigt exemplarisch einige Fragen und Antwortmöglichkeiten für die Betrachtung einer Montagestation inklusive der Gewichtungsfaktoren der Antworten. Die inidviduellen Antworten werden in einem score-basierten Ansatz als Wandlungsfähigkeitsindex (WiFit) zusammengefasst. Je Montagestation und Bewertungskriterium (Wandlungstreiber, -befähiger, 5M) werden darüber hinaus individuelle Metriken gebildet, die eine individuelle Auswertung ermöglichen.

Der so ermittelte WiFit-Index gibt Auskunft darüber, wie gut die bewertete Montagestation in Relation zum absoluten Bewertungsmaßstab des Expertensystems des Fragebogens abschneidet. Über die Klassifizierung ist eine Bewertung in Relation zu ähnlichen Stationen gleicher Montagetechnologie und Anwendungsgebiete möglich.

Die Skala reicht dabei von 0 % im Fall der Nichterfüllung bis hin zu 100 % Erfüllungsgrad bezogen auf das entsprechende Kriterium.

Tab. 3.4 Fragenbeispiele aus dem Stationskatalog

Frage		Antwort	Gewicht	Pool	#	5M	Treiber	Befähiger
Kann eine Steigerung und Verringerung der Ausbringung durch eine Anpassung des Automatisierungsgrades erreicht werden?	O	Nicht relevant		A	1	MA	2	UN, SK
	O	Ja	100 %					
	O	Nein	0 %					
	O							
	O							
	O							
	O							
Wer kann die Maschine an ein geändertes Variantenportfolio anpassen?	O	Nicht relevant		A	7	ME	4	UN
	O	Werker	100 %					
	O	Interner Einrichter/ Experte	50 %					
	O	Externer Dienstleister	0 %					
	O							
	O							
	O							

Die Ergebnisse werden dem Planer in Spinnennetzdiagrammen ausgegeben. Hierbei wird deutlich, in welchem Bewertungskriterium mögliche Potenziale liegen, die für eine Optimierung der Wandlungsfähigkeit genutzt werden können. Weiterhin kann abgelesen werden, in welchen Kriterien das System bereits eine hohe Wandlungsfähigkeit besitzt und wie sich die individuellen Eigenschaften zum Benchmark einer technologieähnlichen Station verhalten. Ebenso kann abgeleitet werden, welcher Wandlungstreiber dem Produktionssystem die meisten Probleme bereitet. In einem zweiten Schritt kann über diesen Vergleich ein Transfer der Erkenntnisse und idealerweise eine Verbesserung des zu untersuchenden Montagesystems erreicht werden.

Der Ablauf der Bewertung ist in Abb. 3.1 dargestellt. Angefangen mit der Datenaufnahme an der Station mittels Fragebogen und der anschließenden automatischen Auswertung der erfassten Attribute, können schlussendlich Aussagen über den Erfüllungsgrad der Wandlungsfähigkeit in den Einzeldomänen gemacht werden.

Die Ergebnisse der Bewertung mehrerer Produktionssysteme im Rahmen der ARENA2036 decken sich mit den Erkenntnissen aus anderen Forschungsprojekten. Es zeigt sich, dass insbesondere durch Software programmierbare und rekonfigurierbare Montagesysteme (bspw. Roboter, modulare Automatisierungskonzepte) in der WiFit-Bewertung besser abschneiden als klassische Sondermaschinen, die eine mechanische oder elektrische Anpassung an sich verändernde Umstände erfordern. Weiterhin kann beobachtet werden, dass einige der untersuchten Produktionssysteme bereits einen Flexibilitätskorridor vorhalten, der in einem vorab definierten Bereich eine schnelle Produktionsanpassung ermöglicht. Eine Wandlung über die Grenzen des Flexibilitätskorridors hinaus, stellt die Systeme

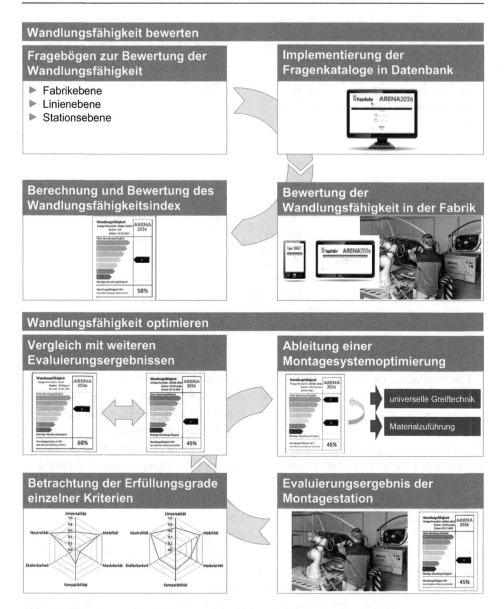

Abb. 3.1 Vorgehen zur Identifikation und Optimierung der Wandlungsfähigkeit von Montagestationen

jedoch vor Herausforderungen, die sich in geringen Bewertungen des Wandlungsbefähigers Skalierbarkeit wiederspiegelt.

Es ist an dieser Stelle wichtig anzumerken, dass immer das gesamte Produktionssystem inklusive der verwendeten Peripheriekomponenten und der logistischen Verkettungsmethode betrachtet werden muss, um eine aussagekräftige Bewertung der Wandlungsfähigkeit zu erhalten. Isolierte Betrachtungen einzelner Komponenten oder der Fokus auf einzelne Montagesysteme führen zu irreführenden und verzerrten Ergebnissen.

Neben den Produktionskomponenten wirken sich vor allem die Prozesse der Qualifizierung und der Maschinensicherheit negativ auf die Wandlungsfähigkeit aus. So kann in den meisten Fällen eine hohe technische Wandlungsgeschwindigkeit durch Funktionsadaption und -rekonfiguration der Komponenten erreicht werden. Diesem schnellen technischen Wandel stehen wandlungshemmende Qualifizierungs- und Sicherheitsinbetriebnahmeprozesse entgegen. In zukünftigen Entwicklungsarbeiten gilt es diese zu vermeiden oder in ihrer Durchführung so zu beschleunigen, dass die technisch machbare Wandlung zeitlich nicht verzögert wird. Diese beschriebenen Arbeiten an der Verbesserung der Qualifizierungsansätze im Produktionsbetrieb werden in der zweiten Konsortialphase der Produktionsforschung der ARENA2036 – der sogenannten Fluiden Produktion – daher in den Fokus gerückt (siehe Abschn. 12.2).

Literatur

1. Nyhuis P (Hrsg) (2010) Wandlungsfähige Produktionssysteme. GITO mbH, Berlin

Planung zukünftiger Automobilproduktionen

4

Christian Fries, Hans-Hermann Wiendahl und Petra Foith-Förster

Zusammenfassung

Neue Antriebstechnologien, Share Economy und der Trend der Individualisierung stellen die Automobilindustrie vor große Herausforderungen. Diese wirken unmittelbar auf die Fabrikgestaltung und ihren Betrieb. Insbesondere wird eine höhere Wandlungsfähigkeit der Produktionssysteme gefordert. Dieser Beitrag beleuchtet die Veränderungen in der Gestaltung, sowie der Planung- und Steuerung der Produktionssysteme. Es wird herausgearbeitet, welche Rahmenbedingungen und Anforderungen sich für ein wandlungsfähiges, modulares Produktionssystem ohne Band und Takt ergeben. Zudem stellt der Beitrag Methodenansätze für die Gestaltung und die Planung und Steuerung eines solchen Matrix-Produktionssystems vor. Die Ergebnisse wurden im Rahmen des Forschungscampus ARENA 2036 mit Partnern aus Industrie und Forschung entwickelt und getestet.

C. Fries (✉) · H.-H. Wiendahl
Institut für industrielle Fertigung und Fabrikbetrieb IFF, Universität Stuttgart,
Stuttgart, Deutschland

Fraunhofer Institut für Produktionstechnik und Automatisierung IPA, Stuttgart, Deutschland
E-Mail: cfr@iff.uni-stuttgart.de

P. Foith-Förster
Fraunhofer Institut für Produktionstechnik und Automatisierung IPA, Stuttgart, Deutschland

© Springer-Verlag GmbH Deutschland, ein Teil von Springer Nature 2020
T. Bauernhansl et al. (Hrsg.), *Entwicklung, Aufbau und Demonstration einer wandlungsfähigen (Fahrzeug-) Forschungsproduktion*, ARENA2036,
https://doi.org/10.1007/978-3-662-60491-5_4

4.1   Einführung

In einer kundenauftragsgetriebenen Produktion muss insbesondere die Montage als letztes Glied der unternehmensinternen produktiven Wertschöpfungskette schnell und flexibel auf sich ändernde Einflüsse und Rahmenbedingungen reagieren können. Sie muss also über eine hohe Veränderungsfähigkeit, die sogenannte Wandlungsfähigkeit verfügen. Die heute für die Automobilindustrie typische Variantenfließmontage mit einer engen logistischen Anbindung der Zulieferer stößt hier an Grenzen:

- Einerseits erhöht eine steigende Variantenvielfalt signifikant die Komplexität der Einplanungslogik „Perlenkette".
- Andererseits erhöht die enger werdende logistische Anbindung der Zulieferer die Störanfälligkeit der Lieferketten. Die als Indikator verwendete Perlenkettenstabilität ist regelmäßig unbefriedigend, sodass heute ein ausgefeiltes Notfallmanagement etabliert ist.

Einen Verbesserungsansatz bildet die Auflösung von Band und Takt in Richtung einer flexiblen, bedarfsorientierten Aneinanderreihung der Arbeitsstationen und Bearbeitungsfolgen mit orts- und kompetenzveränderlichen Ressourcen. Abb. 4.1 zeigt die vier Organisationsformen der Automobilmontage und die entsprechenden Durchläufe der Montageaufträge am stark vereinfachten Beispiel von zwei Produktvarianten:

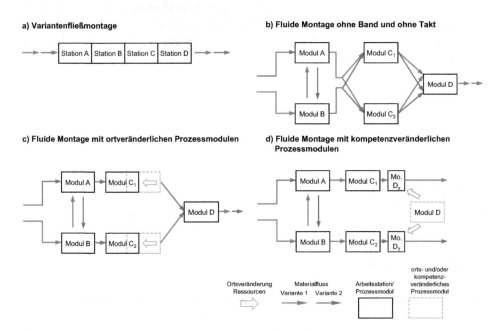

Abb. 4.1 Organisationsformen der Automobilmontage

1. Die **Variantenfließmontage** verkettet die Arbeitsstationen starr. Die Arbeitsinhalte der unterschiedlichen Varianten sind durch eine geschickte Reihenfolgeplanung der Montagebelegung (sogenannte „line balancing" und „sequencing") so aneinander gereiht, dass keine kapazitive Überlast an den einzelnen Montagestationen entsteht. Die Reihenfolge zwischen den Arbeitsstationen ist starr und lässt sich nicht variieren. Mit enger werdender logistischer Anbindung ist sogar zusätzlich eine abhängige Reihenfolgeplanung beim Tier 1 (sogenanntes „reference sequencing" bzw. „scheduling") erforderlich, um die entsprechenden Logistikziele zu erreichen. In der Folge ist die als Vorgabe für alle produzierende Unternehmen (OEM und Zulieferer) resultierende Perlenkette strikt einzuhalten. Der OEM überwacht sie entsprechend streng. Das Supply Chain Management ist also anspruchsvoll: Eine hohe (technische und logistische) Prozessstabilität mit entsprechend vorgedachten Notfallkonzepten (vgl. u. a. [23]) – insbesondere für die JIT- und JIS-angebundenen Zulieferer – bilden zentrale Voraussetzungen für eine erfolgreiche Abwicklung der gesamten, mehrstufigen Lieferkette.

   Die im Folgenden beschriebenen drei Konzepte lösen die starre Verkettung der Arbeitsstationen schrittweise auf. Eine Verkettung zwischen einzelnen Bearbeitungsstellen entsteht somit nur im Bedarfsfall durch den Transport eines Montageobjekts. Komplexe, variantenspezifische Materialflussbeziehungen sind möglich. Dies ermöglicht einerseits die Montage von Produktvarianten mit grundsätzlich verschiedenem Produktaufbau in einer Montagestruktur und birgt andererseits das Potenzial, taktzeitspreizungsbedingte Effizienzverluste zwischen niedrig und vollausgestatteten Varianten gänzlich zu eliminieren. Somit gilt generell: Eine losere Taktbindung eröffnet sowohl montageintern als auch für die montageversorgenden Zulieferer Freiheitsgrade, sodass die Bedeutung der Perlenkette in der Lieferkette sinkt. Versorgungsstörungen können leichter montageintern ausgeregelt werden, ohne direkt Umplanungen bei den eng angebundenen JIT- und JIS-Zulieferern auslösen zu müssen. Dies bedeutet:

2. Die „fluide Montage ohne Band und Takt" (oBT-Montage) koppelt die Arbeitsstationen lose; werkstattähnliche Strukturen und Mehrfachkompetenzen eröffnen insbesondere in der kurzfristigen Auftragsteuerung neue Freiheitsgrade: Die bereits aus einer Werkstattfertigung bekannte Bearbeitungsreihenfolge (ressourcenbezogene Reihenfolge der an der Arbeitsstation wartenden Aufträge) wird durch die neu hinzukommende Arbeitsverteilung (Zuordnung der Operation zur Arbeitsstation) und Operationsreihenfolge (auftragsbezogene Reihenfolge der Montageoperationen) ergänzt.

3. Die „fluide Montage mit ortsveränderlichen Arbeitsstationen" hat zusätzlich ortsveränderliche Arbeitsstationen. Kurzfristige Standortänderungen von Mitarbeitern und Fertigungsmitteln eröffnen Freiheitsgrade in der Layoutanpassung, die nach klassischem Verständnis die Fabrikplanung löst. In der Literatur wird diese dynamische Anpassung des Layouts als Dynamic Facility Layout Planning DFLP (deutsch: dynamische Fabrikplanung) diskutiert (vgl. u. a. [21]).

4. Die „fluide Montage mit kompetenzveränderlichen Arbeitsstationen" hat zusätzlich noch kompetenzveränderliche Arbeitsstationen. Auch dies eröffnet weitere Freiheits-

grade der kurzfristigen Produktionsstrukturierung und -dimensionierung, die ebenfalls zum klassischen Aufgabengebiet der Fabrikplanung gehören.

Zur klaren Abgrenzung gegenüber dem klassischen Fall der starr verketteten Linie in der Variantenfließmontage werden Prozessmodule als Grundelemente der fluiden Produktionsstruktur definiert. Prozessmodule sind cyberphysische Produktionsfraktale ([3], S. 21), die sich durch eine Modularisierung des Produktionsprozesses ableiten lassen. Ihr Funktionsumfang variiert mit der Komplexität der Montageaufgabe, die in direktem Zusammenhang mit der Anzahl der produzierten Produktvarianten des Produktionssystems steht ([3], S. 21). Montageprozessmodule führen vollständige (Teil-)Prozesse der Montage durch [1, 12, 14] und können als eigenständig funktionsfähige Einheiten innerhalb der Gesamtstruktur vervielfältigt oder eliminiert werden [15]. Ihre Gestaltung muss sich an den Maßgaben der Wandlungsfähigkeit orientierten. Dies bedeutet, dass Prozessmodule in ihren Eigenschaften und in ihrem Verhalten gemäß den definierten Wandlungsbefähigern von H-P Wiendahl ([24], S. 133) möglichst universell, skalierbar, modular, kompatibel und mobil sein sollen, was in den oben beschriebenen drei Konzepten der fluiden Montage mündet. Im Fall der klassisch verketteten Linie entspricht ein Prozessmodul einer Station der Linie.

Offensichtlich verändert diese Entwicklung die Aufgaben sowie das Zusammenspiel von Fabrikplanung (FAP) und Produktionsplanung und -steuerung (PPS) grundlegend (vgl. auch [8]). Gedanklicher Ausgangspunkt ist die klassische Aufgabenverteilung in einer starren Fabrik, welche die Gestaltung und den Betrieb eindeutig trennt.

Aus Gestaltungssicht gilt in einer **starren Fabrik:**

- Die Fabrikplanung ist für die (einmalige) Strukturauslegung und Dimensionierung der Produktion zuständig. Flexibilitätsgrenzen sollen die unvermeidlichen Planungsunschärfen und die unvorhersehbaren Anforderungsänderungen abdecken.
- Demgegenüber gestaltet die PPS die Funktions- und Ablauflogik, also die Konfiguration der Planungs- und Steuerungsfunktionen sowie ihrer Entscheidungsprozesse und -verantwortlichkeiten. Darauf aufbauend sind geeignete Software-Werkzeuge (ERP, MES, SCM, APS, ...) auszuwählen – und situationsgerecht parametriert – einzuführen.

Aus Betriebssicht ist in einer **starren Fabrik** allein die PPS (bzw. das Supply Chain Management) zuständig: Sie (es) plant und steuert das operative Ablaufgeschehen in Beschaffung, Produktion und Lieferung mit dem Ziel der bestmöglichen logistischen Zielerreichung.

Wie oben angedeutet, erweitert eine **wandlungsfähige Fabrik** die Freiheitsgrade für kurzfristige Entscheidungen: Anpassungen von Kapazitäten, Arbeitsverteilung, Operationsreihenfolge oder auch Fabriklayout sind sehr viel kurzfristiger möglich. Die Entscheidungsvorlaufzeit und die Entscheidungsaufwände reduzieren sich. Änderungen und Störungen kann eine kurzfristige Auftragssteuerung durch die neu entstandenen Freiheitsgrade

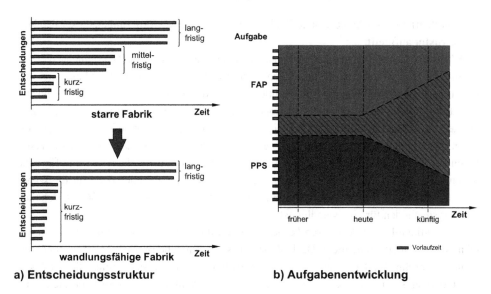

a) Entscheidungsstruktur   **b) Aufgabenentwicklung**

Abb. 4.2 Aufgabenveränderung von Fabrikplanungs- und PPS-Aufgaben

einfacher ausregeln (vgl. auch [10]). Die vorher klar abgegrenzten Gestaltungs- und Be-
triebsaufgaben und damit auch jene zwischen FAP und PPS verschwimmen. Abb. 4.2 visualisiert diese Vermengung zwischen Fabrikplanungs- und PPS-Aufgaben – und die damit grundlegend veränderte Entscheidungsstruktur:

- Ist eine starre Fabrik durch eine Entscheidungsstruktur mit klar abgrenzbaren Horizonten (den sogenannten Entscheidungsvorlaufzeiten, vgl. dazu ausführlich [22], S. 291 f.)
  gekennzeichnet, verschwimmt diese in einer wandlungsfähigen Fabrik. Abb. 4.2a zeigt
  diese Zusammenhänge qualitativ. Wandungsfähige Unternehmen lösen die herkömmlich klar strukturierte Entscheidungspyramide auf, welche die klassische Automatisierungspyramide von Shop Floor-, MES- und ERP-Ebene widerspiegelt.
- Wie beschrieben, wirkt dies (unter anderem) auf die Aufgabenverteilung zwischen Fabrikplanung und PPS (Abb. 4.2b) und die Aufgaben vermengen sich zwangsläufig sehr
  viel stärker als früher. Langfristige Entscheidungen werden nur noch für Flächennut-
  zung und in der Gebäudeplanung getroffen, die aufgrund ihrer langen Nutzungs- bzw.
  Lebenszyklen (vgl. [25]) nicht wirtschaftlich kurzfristiger verändert werden können.

Dieses Kapitel konzentriert sich auf die Planungsbereiche der FAP, die in der Zukunft
eine kurzfristigere Vorlaufzeit von Entscheidungen haben. Der Fokus liegt auf der Gestaltung und dem Betrieb des eigentlichen Montagesystems „innerhalb" eines Fabrikgebäu-
des. Es geht also um die Gestaltung einer Produktionsstruktur für die Montage, die kurzfristig wandlungsfähig ist, sowie eine Produktionsplanung und -steuerung (PPS), die für

die innerbetrieblichen Abläufe neue Freiheitsgrade und Herausforderungen dieser Produktionsstruktur aufgreift.

Klassische Gestaltungsmethoden der starren Fabrik definieren Arbeitssysteme ausgerichtet an einer zuvor festgelegten Planstückzahl und orientiert am Produktaufbau bekannter und geplanter Produktvarianten. Die Segmentierung und die daraus abgeleitete Festlegung des Funktionsumfangs starr verketteter Stationen einer Linie der Variantenfließmontage basiert auf der Segmentierung der Produktfamilien und der Abtaktung zuvor definierter Ecktypvarianten. Dieses Planungsvorgehen eignet sich nicht für Montagestrukturen der wandlungsfähigen Fabrik, die variantenmixflexibel, für zukünftige Stückzahlen skalierbar und für neue Varianten kompatibel sein müssen. Es bedarf also neuer Planungsmethoden für die wandlungsfähige Fabrik. Der folgende Abschn. 4.1.1 stellt die in der ARENA2036 entwickelten Planungsmethoden für eine wandlungsfähige Montagestruktur vor.

Konventionelle PPS-Verfahren berücksichtigen die sich durch die fluide Montage eröffnenden Freiheitsgrade nicht. Deshalb ist eine systematische Betrachtung derselben notwendig. Abschn. 4.1.1 betrachtet dazu zwei Stufen der Auftragssteuerung, die Produktionssteuerung sowie die Versorgungssteuerung. Die Analyse der Produktionssteuerung verdeutlicht die Notwendigkeit, die klassischen vier Fertigungssteuerungsaufgaben Auftragsfreigabe, Reihenfolgesteuerung, Kapazitätssteuerung und Auftragserzeugung zu erweitern. Die Versorgungssteuerung zeigt, dass die logistische Anbindung der Zulieferer inklusive der Bereitstellungsformen am Arbeitsplatz, insbesondere bei ihrer Ortsvariabilität, anspruchsvoller wird.

4.1.1 Gestaltung fluider Montagesysteme

Einsatzbereich und Leistungsfähigkeit eines wandlungsfähigen Montagesystems lassen sich im Wesentlichen durch den Funktionsumfang der Prozessmodule bestimmen. Ein reines Auseinanderziehen der Stationen einer klassisch getakteten Linie ermöglicht zwar theoretisch einen flexiblen Materialfluss und, durch Puffer zwischen einzelnen Stationen, ggf. auch eine Reduzierung von taktzeitspreizungsbedingten Verlusten. Im direkten Vergleich zur Linie zeichnet sich ein derart entlang des Produktaufbaus segmentiertes, fluides System jedoch durch erheblich höhere Transportaufwände zwischen den frei anfahrbaren Stationen aus. Eine Abkehr von der klassischen Linie hin zu einem so segmentierten, fluiden System ist nur sinnvoll, wenn die zu montierenden Produkte keine Varianz im Produktaufbau aufweisen und zeitgleich die logistischen Mehraufwände durch Einsparungen kompensiert werden. Die Einsparungen beziehen sich auf eine Reduzierung von taktzeitspreizungsbedingten Verlusten sowie auf die Vermeidung von Verschwendung, da Arbeitsvorgänge z. B. vollständig innerhalb eines Prozessmoduls fertig gestellt und nicht taktbedingt geteilt werden können.

Das volle Potenzial entfaltet eine fluide Produktionsstruktur jedoch erst bei Ausnutzung der strukturellen Freiheitsgrade. Dies bedeutet nicht nur den Ausgleich von Taktzeitspreizungen durch kleine Puffer zwischen den Prozessmodulen. Vielmehr durchläuft jeder Auftrag seinen eigenen Weg durch die Produktionsstruktur. Die Route bildet den spezifischen Produktaufbau und die Ausstattung der produzierten Variante ab. Da dies auch für zukünftige Aufträge mit neuen Varianten gilt, ist eine Möglichkeit zur aufwandsarmen Integration von Technologien und Fähigkeiten in das Produktionssystem notwendig.

Für die Automobilindustrie eröffnet sich damit die Chance, Produkte mit gänzlich unterschiedlichen Produktaufbauten im selben Montagesystem herzustellen. Dies ermöglicht bspw. die Montage von Fahrzeugen unterschiedlichster Antriebstechniken auf einer gemeinsam genutzten Infrastruktur mit geteilten Prozessmodulen. Grenzen zwischen den Gewerken können verschoben oder abgebaut werden. Zeitgleich eröffnen sich für die Produktentwicklung erhebliche Freiheitsgrade für den Produktaufbau neuer Fahrzeuggenerationen im Sinne einer erhöhten Gesamteffizienz.

Klassische Planungsmethoden entlang des Produktaufbaus sind für die Planung eines solchen Systems ungeeignet. Es stellt sich die Frage, nach welchen Kriterien die Segmentierung und die entsprechende Zuordnung von Fähigkeiten und Technologien zu den Prozessmodulen erfolgen müssen. In diesem Zusammenhang begründet eine in der ARENA 2036 durchgeführte Studie am Beispiel der Türmodulmontage für die Mercedes-Benz-Baureihe W222[1] [5] die Wichtigkeit des Wandlungsbefähigers [24] Universalität, als Gestaltungskriterium bei der Festlegung der Funktionsumfänge der Prozessmodule. Der materialfluss-simulative Vergleich einer abgetakteten Linie zu fluiden Montagestrukturen ohne Band und Takt zeigt, dass die Flächenproduktivität eines fluiden Montagesystems mit zunehmender Funktionsintegration (also zunehmender Universalität) der Prozessmodule ansteigt. Für die Studie wurden Extrembeispiele des Funktionsumfangs betrachtet: Die fluiden Montagesysteme des Vergleichs sind aus Prozessmodulen modelliert, die

1. nur genau einen Montageschritt realisieren können (Einzelprozess-Module).
2. mit ihrer Spezialisierung auf eine bestimmte Montagetechnologie an die klassische Werkstattfertigung angelehnt sind (Einzeltechnologie-Module).
3. als Variante der Einzeltechnologie-Module mit höherer Funktionsintegration verschiedene ausgewählte Technologien bzw. Funktionsumfänge integrieren, um Prozessmodulwechsel während des Montageablaufs zu minimieren (Mehrtechnologie-Module).
4. durch eine theoretisch angenommene vollständige Integration aller Prozesse und Technologien aller Varianten die klassische Produktionsstruktur der Boxenfertigung abbilden (Universal-Module).

Abb. 4.3 zeigt die Ergebnisse dieses Vergleichs: Je höher die Funktionsintegration, die mit den obigen Beispielfunktionsumfängen von 1. bis 4. zunimmt, umso höher ist die Flächenproduktivität. Ist die Universalität der Prozessmodule dagegen gering, fallen die Transportzeiten zwischen den Prozessmodulen zu stark ins Gewicht. Um negative Einflüsse durch gewachsene Strukturen der realen Produktion zu vermeiden, modellierte die

---

[1] Mercedes-Benz S-Klasse.

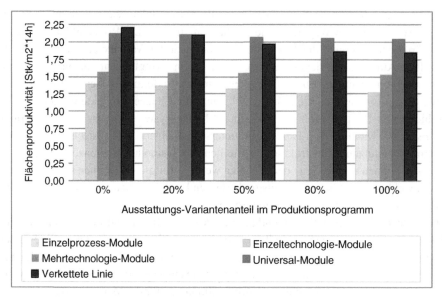

Abb. 4.3 Flächenproduktivität fluider Montagestrukturen im beispielhaften Vergleich mit der Linie bei zunehmender Ausstattungsvarianz [5]

oben zitierte Studie die klassisch abgetaktete Linie für den simulativen Vergleich als eine Linie ohne Leerstationen mit idealisiertem Flächenbedarf. Der Variantenanteil der Produktion ist durch vier reale Ausstattungsmerkmale simuliert, die zufällig verteilt auftreten. 0 % Variantenanteil steht für den unrealistischen Fall einer ausschließlich ausstattungsvariantenfreien Ecktypproduktion. Ab einem gewissen Variantenanteil im Produktionsprogramm hat ein fluides Montagesystem das Potenzial, die Effizienz einer klassisch abgetakteten Linie zu übertreffen.

Der Funktionsintegration sind jedoch technologische, technische und arbeitsorganisatorische Grenzen gesetzt: Nicht jede Montagetechnologie kann, z. B. aufgrund divergierender Anforderungen an Medien und Prozessbedingungen, beliebig in einem Prozessmodul kombiniert werden. Spätestens in der automatisierten Montage ist eine beliebige Kombination von Montageschritten aufgrund der häufigen Formgebundenheit von Werkzeugen und Werkstückaufnahmen unmöglich. Eine beliebige Erhöhung von Montageinhalten je Werker in einem manuellen System, ohne zusätzliche informationstechnische Unterstützung, ließe zudem die Fehlerrate ansteigen. Es gilt also, den maximal möglichen Grad der Funktionsintegration zu bestimmen und das Produktionssystem daraufhin zu planen.

4.1.1.1 Zugrunde gelegte Gestaltungsmethode: Axiomatic Design

Um eine systematische Vorgehensweise zu gewährleisten, baut die in der ARENA2036 entwickelte Gestaltungsmethode auf Axiomatic Design auf. Die von Suh entwickelte allgemeine Methode zur Gestaltung von Systemen (vgl. [17, 18, 19, 20]) umfasst einen strukturierten Prozess, der Anforderungen und Lösungsalternativen eines technischen Systems hierarchisch in Teilfunktionen zerlegt, nicht vermeidbare gegenseitige Abhängigkeiten aufzeigt und Entscheidungskriterien für die Auswahl verschiedener Lösungsalternativen liefert. Der folgende Abschnitt gibt eine grobe Einführung in die Methode als Verständnisgrundlage für die nachfolgenden Unterkapitel. Für weiterführende Details zur Methode sei auf die Literatur, insbesondere auf [4, 17], verwiesen.

Axiomatic Design basiert auf zwei grundlegenden Axiomen:

Das Unabhängigkeitsaxiom (Axiom 1) propagiert die Trennung der Funktionen eines Systems. Die Methode sieht vor, dass jeder Anforderung ein eigenes, möglichst von anderen Anforderungen unabhängiges Lösungsprinzip zugeordnet wird. Axiomatic Design nennt Anforderungen Functional Requirements (FR) und Lösungsprinzipien Design Parameter (DP) ([17], S. 3 und 10).

Das Informationsaxiom (Axiom 2) bewertet verschiedene Lösungsalternativen für eine Anforderung und empfiehlt die Wahl derjenigen Alternative mit der höchsten Erfolgswahrscheinlichkeit, ausgedrückt durch den geringsten Informationsgehalt. In Anlehnung an die in der Informationstheorie festgelegte Rechenvorschrift für den Informationsgehalt von Nachrichten (vgl. [16], S. 80), ist der Informationsgehalt I_i eines FR_i-DP_i, Paares, $i \in N$, als Logarithmus des Kehrwerts der Erfolgswahrscheinlichkeit p eines Designentwurfs definiert (vgl. Gl. 4.1). Die Erfolgswahrscheinlichkeit ist ein Maß für die Überschneidung zwischen dem Toleranzbereich des jeweiligen Lösungsprinzips DP und der erlaubten Toleranzvorgabe der FR, im Verhältnis zu ebendieser Toleranzvorgabe. Sie drückt also aus, wie viel des Anforderungsbereichs durch den Lösungsbereich abgedeckt wird. Das kleinste erreichbare I entsprich I = 0, für p = 100 %. Dies tritt ein, wenn alle toleranzbehafteten Werte von DP den Anforderungen FR genügen, also innerhalb der erlaubten Toleranzvorgabe liegen. Wenn DP keinen anforderungsgerechten Wert enthält, folgt $I \to \infty$. ([17], S. 16 und 39)

$$I_i = \log_2 \frac{1}{p_i} = -\log_2 p_i \qquad (4.1)$$

Der Designprozess von Axiomatic Design sieht vor, dass abhängig von einem gewählten DP die nächste Ebene der FR abgeleitet wird. Der Vorgang wird Zerlegen (Decomposition) genannt, und stellt die Kompatibilität von Teillösungen zwischen den Ebenen sicher. Die Methode strebt eine vollständige Funktionstrennung zwischen den Anforderungen und allen Teillösungen an. Ist diese als ideales Design bezeichnete Systemgestalt nicht möglich, so soll zumindest nach einer als entkoppelt bezeichneten Systemgestaltung gestrebt werden. Gemeint ist damit, dass eine Implementierungsreihenfolge der DP einer Ebene existiert, die einen stabilen Systemzustand gewährleisten ([17], S. 19).

4.1.1.2 Planungsvorgehen fluider Montagesysteme

Wie in Abschn. 4.1.1 beschrieben, eignet sich eine primär stückzahl- bzw. taktgetriebene und produktaufbauorientierte Vorgehensweise nicht für die Planung fluider Produktionssysteme.

Vielmehr darf der Produktaufbau bekannter Varianten in den ersten Schritten der Planung keine Rolle spielen. Zudem sollte die Bestimmung der Fähigkeiten des Systems unabhängig von der Festlegung der Systemkapazität erfolgen. Benötigt wird also eine fähigkeits- bzw. prozessorientierte Planungsmethode, anstatt einer Orientierung am Produktaufbau.

Um eine hohe Universalität der Prozessmodule zu erreichen, muss bekannt sein, welche Faktoren den Wechsel eines Prozessmoduls erzwingen. Das entsprechende in der ARENA2036 entwickelte Planungsvorgehen zeigt Abb. 4.4. Das Vorgehen durchläuft die drei Schritte *Analyse der Wandlungshemmnisse*, *Funktionsfestlegung der Prozessmodule* und *Kapazitäts- und Layoutplanung*. Die folgenden Abschnitten erläutern diese drei Planungsschritte am bereits oben eingeführten Beispiel der Mercedes-Benz-W222-Türmodulmontage (vgl. ausführlich [6, 7]).

Analyse der Wandlungshemmnisse
Ausgangspunkt der Planung fluider Montagesysteme ist die Analyse der wandlungshemmenden Faktoren. Diese kategorisieren die Einsatzgrenzen der Prozessmodule, die je nach den technischen, technologischen oder organisatorischen Möglichkeiten des technischen Systems quantifiziert werden. Beispiele hierfür sind verarbeitbare Materialien, maximaler Greifbereich, maximale Werkstückabmaße, notwendige Prozessmedien oder Mitarbeiterkompetenzen. Die Wandlungshemmnisse eines Prozessmoduls sind direkt mit den Produkteigenschaften der zu fertigenden Varianten verbunden: Ihr Angebot im Sinn eines quantifizierten Einsatzbereiches je Wandlungshemmnis steht dem Bedarf eines Prozessschritts gegenüber. Eine hohe Universalität und eine entsprechende Funktionsintegration sind erstrebenswert, um Prozessmodule zu befähigen, möglichst viele Prozessschritte möglichst vieler unterschiedlicher Varianten durchführen zu können.

Die Analyse der Wandlungshemmnisse erfüllt demnach zwei Funktionen:

1. Sie identifiziert mögliche Gruppen von Prozessschritten, die wegen ihrer Ähnlichkeit potenziell von einem Prozessmodul bearbeitet werden können.
2. Sie ermöglicht die Ableitung von quantifizierbaren Kriterien für die Formulierung von Anforderung und angebotenem Lösungsraum möglicher Lösungsprinzipien.

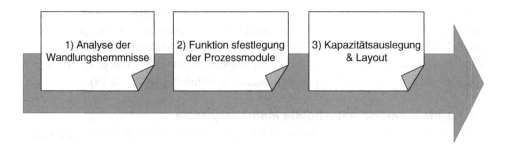

Abb. 4.4 Planungsvorgehen für fluide Produktionssysteme

Verschiedene Lösungsalternativen bei der Gestaltung der Prozessmodule werden hinsichtlich Flexibilität und Wandlungsfähigkeit nur in den Kategorien der Wandlungshemmnisse bewertet. Dies hat den Vorteil, dass relativ gesehen eine kleinere Anzahl an Bewertungskriterien ausgewertet werden muss. Tab. 4.1 listet exemplarische Wandlungshemmnisse für die Gestaltung eines Greifersystems eines automatisierten Prozessmoduls.

Funktionsfestlegung der Prozessmodule
Die Funktionsfestlegung der Prozessmodule erfolgt auf Basis der identifizierten Wandlungshemmnisse. Alle Prozessschritte bekannter Varianten werden gemäß ihren relevanten Produkteigenschaften sortiert. Die entstehenden Cluster enthalten alle Prozessschritte, die sich in Bezug auf die Wandlungshemmnisse so ähnlich sind, dass alle notwendigen Funktionen in einem Prozessmodul integriert werden können.

Jedes Cluster wird als FR in den Dimensionen der Wandlungshemmnisse beschrieben. Dabei entsteht ein Anforderungsbereich, dessen Grenzen die minimale und maximale Einzelanforderung aus dem Cluster der Prozessschritte abbildet und alle Einzelanforderungen umfasst.

Eine beispielhafte Zerlegung und die entsprechende Zuordnung mit DP nach den Regeln von Axiomatic Design illustriert Abb. 4.5. Die Prozessschritte werden nach ihren Eigenschaften in vorbereitende, geometriebildende, fixierende (d. h. ausfügende) und nachbereitende Teilprozesse zerlegt und die entsprechenden Prozessmodule gestaltet. Der Gestaltungsprozess endet, wenn alle Wandlungshemmnisse bewertbar sind. Im Beispiel von Abb. 4.5 ist dies die Werkzeugsystemebene.

Durch die Zusammenfassung der Einzelanforderungen der Prozessschritte eines Clusters in einem übergeordneten FR kann die Rechenvorschrift des Informationsaxioms nicht eins zu eins übernommen werden. Axiomatic Design geht von toleranzbehafteten und entsprechend streuenden Lösungsprinzipien aus. Im Fall der flexiblen Prozessmodulplanung streut jedoch der Anforderungsbereich mit der Verteilung der Einzelanforderungen.

Helander und Lin [4, 9] schlagen für das Design von ergonomischen Arbeitssystemen vor, die Erfolgswahrscheinlichkeit p eines Designs anhand der Überschneidung zwischen streuendem Anforderungsbereich und bereitgestelltem (nicht streuendem) Lösungsprinzip im Verhältnis zum Lösungsprinzip zu ermitteln. Die in der ARENA2036 entwickelte Gestaltungsmethode setzt auf diesem Vorschlag auf, um Prozessmodule bzw. die ihnen zugeordneten Lösungsprinzipien anhand ihrer Flexibilität gegenüber dem aktuellen Variantenspektrum zu bewerten. Da die Bewertung auch aufzeigen soll wie viel Freiraum für

Tab. 4.1 Exemplarische Wandlungshemmnisse und die ihnen zugeordneten Produkteigenschaften für die Planung eines Greifersystems eines automatisierten Prozessmoduls

Wandlungshemmnis	Produkteigenschaft
Traglast	Teilegewicht
Anzahl der Greifmodule	Minimale Anzahl der Greifpunkte
Greifposition jedes Greifmoduls	Lage der Greifpunkte
Greifprinzip	Material/Elastizität
Greifkraft	Härte/Oberflächenbeschaffenheit
Greiferform	Form der Greiffläche

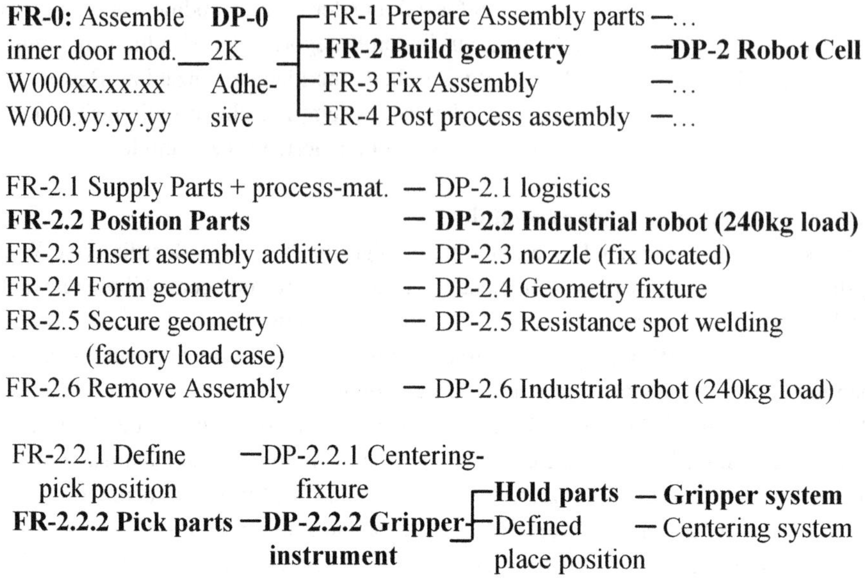

FR-0: Assemble   **DP-0**   ┌─ FR-1 Prepare Assembly parts ─ …
inner door mod.__2K   ┌─ **FR-2 Build geometry**   ─**DP-2 Robot Cell**
W000xx.xx.xx   Adhe- ├─ FR-3 Fix Assembly   ─ …
W000.yy.yy.yy   sive   └─ FR-4 Post process assembly ─ …

FR-2.1 Supply Parts + process-mat. ─ DP-2.1 logistics
FR-2.2 Position Parts   ─ **DP-2.2 Industrial robot (240kg load)**
FR-2.3 Insert assembly additive   ─ DP-2.3 nozzle (fix located)
FR-2.4 Form geometry   ─ DP-2.4 Geometry fixture
FR-2.5 Secure geometry   ─ DP-2.5 Resistance spot welding
       (factory load case)
FR-2.6 Remove Assembly   ─ DP-2.6 Industrial robot (240kg load)

FR-2.2.1 Define   ─DP-2.2.1 Centering-
    pick position   fixture   ┌─ **Hold parts** ─ **Gripper system**
FR-2.2.2 Pick parts ─**DP-2.2.2 Gripper**┤─Defined   ─ Centering system
               instrument   place position

Abb. 4.5 Hierarchische Zerlegung und Lösungszuordnung zur Gestaltung eines Montageprozessmoduls [6]

zukünftige Varianten gegeben ist, werden Anforderungen und Lösungsbereich in getrenn-
ten zeitlichen Dimensionen beschrieben: Die *flexibility design range (fdr)* und die *flexibility system range (fsr)* spiegeln die FRs des aktuellen Variantenspektrums und die entsprechend zugeordneten DPs wider. Die *changeability design range (cdr)* sowie die *changeability
system range (csr)* repräsentieren zukünftige Varianten. Wandlungsfähigkeit wird dementsprechend als ein Systemrahmen für mögliche zukünftige Flexibilitätsbereiche eines technischen Systems verstanden. Abb. 4.6 zeigt die definierten Design Ranges und System
Ranges und ihr Zusammenhang am Beispiel von normalverteilten Anforderungen an die
Flexibilität und gleichverteilten Anforderungen an die Wandlungsfähigkeit.

Am Beispiel des Greifersystems des Montageprozessmoduls aus Abb. 4.5 zeigen Abb. 4.7
und die zugehörige Tabelle in Abb. 4.8 die Bewertung von drei verschiedenen Lösungsan-
sätzen für die Türmodulmontage. Verglichen werden exemplarisch ein variantenspezifisches
Solitärgreifersystem (a), ein adaptives Greifersystem mit automatisch verstellbaren Greifer-
modulen (b), sowie ein Schnellwechselsystem mit zwei Solitärgreifersystemen (c). Der Vergleich betrachtet die Wandlungshemmnisse Traglast und Greiferposition, angegeben als x-,
y-, und z-Koordinaten in einem globalen Koordinatensystem des Werkstücks. Wie zu erwarten, schneidet das Solitärgreifersystem (a) in Bezug auf die Flexibilität schlechter ab als die
beiden anpassbaren Varianten. Da für die Bewertung der Wandlungsfähigkeit ein Austausch
des Greifersystems an der standardisierten Schnittstelle des Roboters berücksichtigt wird,
sind alle drei Greifersysteme in Bezug auf ihre Wandlungsfähigkeit gleich geeignet. Die finale Entscheidung fiel im Beispiel mit einer anschließenden Kosten- und Taktzeitbewertung
zugunsten des adaptiven Greifersystems (b).

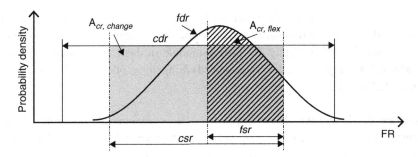

Abb. 4.6 Design Ranges und System Ranges zur Bewertung von Flexibilität und Wandlungsfähigkeit von Prozessmodulen

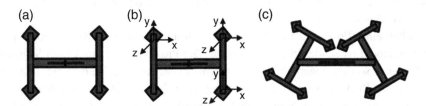

Abb. 4.7 Drei schematische Greifersysteme eines Montageprozessmoduls im Vergleich: **a** Solitärgreifersystem. **b** adaptives Greifersystem. **c** Schnellwechselsystem [6]

| | | | Flexibility | | | | | | Changeability | | | | | |
| | | | (a) Solitary | | (c) Quick Change | | (b) Adaptive | | (a) Solitary | | (c) Quick Change | | (b) Adaptive | |
	fdr	cdr	fsr	I	fsr	I	fsr	I	csr	I	csr	I	csr	I
Part mass [kg]	{5.1, 5.9}	[5, 8.85]	[0, 156]	0	[0, 103.7]	0	[0, 104]	0	[0, 240]	0	[0, 240]	0	[0, 240]	0
Position Gripper 1 x	{-252;-277}	[-317,-212]	{-252}	1	{-252;-277}	0	[-302,-202]	0	[-400,0[	0	[-400,0[	0	[-400,0[	0
y	{0}	{0}	{0}	0	{0}	0	{0}	0	{0}	0	{0}	0	{0}	0
z	{80;120}	[40,160]	{80}	1	{80;120}	0	[30,130]	0	[0,250]	0	[0,250]	0	[0,250]	0
Position Gripper 2 x	{327}	[287,367]	{327}	1	{327}	0	{327}	0	[-400,0[	0	[-400,0[	0	[-400,0[	0
y	{0}	{0}	{0}	0	{0}	0	{0}	0	{0}	0	{0}	0	{0}	0
z	{-268}	[-308,-228]	{-268}	1	{-268}	0	{-268}	0	[-350,0[	0	[-350,0[	0	[-350,0[	0
Position Gripper 3 x	{260,238}	[220,278]	{260}	0	{260;238}	0	[210,310]	0	[0,400]	0	[0,400]	0	[0,400]	0
y	{0}	{0}	{0}	0	{0}	0	{0}	0	{0}	0	{0}	0	{0}	0
z	{-263;-240}	[-303,-200]	{-263}	0	{-263;-240}	0	[-313,-213]	0	[-350,0[	0	[-350,0[	0	[-350,0[	0
Position Gripper 4 x	{315}	[275,355]	{315}	1	{315}	0	[265,365]	0	[0,400]	0	[0,400]	0	[0,400]	0
y	{0}	{0}	{0}	0	{0}	0	{0}	0	{0}	0	{0}	0	{0}	0
z	{130;182}	[90,222]	{130}	1	{130;182}	0	[80,180]	0	[0,250]	0	[0,250]	0	[0,250]	0

Abb. 4.8 Bewertung der Flexibilität und Wandlungsfähigkeit verschiedener Greifersysteme mit dem Informationsaxiom [6]

Kapazitätsauslegung und Layout

Sind alle notwendigen Montageaufgaben in Prozessmodulen vollständig abgebildet, so berücksichtigt der dritte Schritt der Planung die Planstückzahl und den Produktaufbau bestehender Varianten. Der Planungsschritt bestimmt die Kapazität des Gesamtsystems und legt das Layout durch eine möglichst flussorientierte Anordnung der Prozessmodule fest. Fluide Montagesysteme erlauben Rückflüsse. Im Sinne eines flussorientierten

Materialflusses sollten diese jedoch auf ein Minimum beschränkt werden. Da der Produktaufbau der zu produzierenden Varianten die Anordnung der Prozessmodule bestimmt, beginnt die Übersetzung der Prozessmodule in das Layout mit der Erstellung eines Misch-Vorranggraphs aller Varianten als Eingangsgröße. Es schließen sich die folgenden Schritte an:

1. Aufteilen des Vorranggraphs in Segmente: Die Segmentierung des Vorranggraphen dient als Vorarbeit für die Zuordnung zu Prozessschritten zu Prozessmodulen und deren Kapazitätsauslegung. Abb. 4.9 zeigt ein einfaches Beispiel.
2. Sortieren der Prozessschritte aufsteigend nach Segmenten: Prozessschritte in parallelen Strängen können zwischen ihrem erstmöglichen und letztmöglichen Segment verschoben werden. Die tatsächliche Operationsreihenfolge in der Montage legt die PPS fest (vgl. Abschn. 4.1.2.1).
3. Erstellen einer Prozessschritt-Prozessmodul-Designmatrix: Die Matrix ordnet jedem Prozessmodul passende Prozessschritte zu. Die Prozessschritte sind nach Segmenten aufsteigend sortiert. Innerhalb eines Segments ist die Reihenfolge beliebig. In der Matrix werden Rückflüsse im System sichtbar (vgl. Abb. 4.10). Das Verschieben einzelner Prozessschritte zwischen ihren möglichen Segmenten (vgl. Schritt 2) erreicht ggf. eine Verminderung von Rückflüssen.
4. Harmonisierung der Kapazitäten: In der im vorangegangenen Schritt erstellten Designmatrix können nun die „x" in der Matrix durch die Belastung der Prozessmodule ersetzt werden, indem eine geplante Stückzahl mit der jeweiligen Prozesszeit pro Prozessmodul aufsummiert wird. Um Engpässe im System zu vermeiden, sollte die Auslastung der Prozessmodule vergleichbar sein und keine gravierenden Über- oder Unterauslastungen ausweisen. Prozessmodule mit einer Auslastung weit über 100 % werden durch Duplizieren der Prozessmodule entlastet. Um Rückflüsse zu reduzieren, ist die Verschiebung sol-

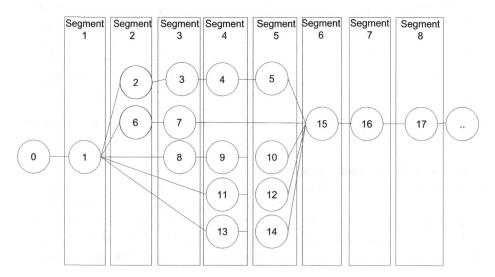

Abb. 4.9 Segmentierter Vorranggraph [7]

Segmente	Prozessschritt	Prozessmodul						
		PM1	PM2	PM3	PM4	PM5	PM6	...
Segment 1	Schritt 1	x						
Segment 2	Schritt 2		x					
	Schritt 6		x					
Segment 3	Schritt 3			x				
	Schritt 7				x			
	Schritt 8					x		
Segment 4	Schritt 4			x				
	Schritt 9			x				
	Schritt 11						x	
	...	...	...	...	...	...	...	...

Abb. 4.10 Prozessschritt-Prozessmodul-Designmatrix

cher duplizierter Prozessmodule an eine andere Stelle in der Prozessmodulreihung möglich. Bei stark unterausgelasteten Prozessmodulen erfolgt eine erneute Prüfung, ob die Prozessschritte der Module nicht durch ein (modifiziertes) separates Prozessmodul durchgeführt werden können. Gibt es diese Möglichkeit nicht, so sollte bei der weiteren Ausgestaltung der jeweiligen Prozessmodule der Fokus auf ein investitionsausgabengeringes Design gelegt werden bzw. durch entsprechende arbeitsorganisatorische Maßnahmen sichergestellt werden, dass keine Mitarbeiterkapazitäten unnötig gebunden sind.

Als Layoutschema wird die Matrixanordnung eines Schachbrettmusters zugrunde gelegt. Die Prozessmodule werden in der Matrix gemäß ihrer in den obigen Schritten gefundenen Anzahl und Reihung angeordnet (vgl. Abb. 4.11). Durch das fluide System sind Umbauten auch während des laufenden Betriebs möglich. Um dies zu ermöglichen, sollten einzelne Wechselflächen im Layout vorgehalten werden, um auch bei späteren Veränderungen von Prozessmodulen oder der nachträglichen Integration neuer Prozessmodule ein flussorientiertes Layout erschaffen zu können.

Ein so gestaltetes fluides Produktionssystem stellt sicher, dass sämtliche bestehenden Varianten in einem System abgebildet werden können und auch zukünftige Varianten möglichst aufwandsarm integrierbar sind. Aufgrund der neuen Freiheitsgrade im Gegensatz zur klassischen Linie ergeben sich erhebliche neue Chancen und Herausforderungen für den operativen Betrieb des Systems und die dazwischenliegende Produktionsplanung und -steuerung, der sich der folgende Abschnitt widmet.

4.1.2 Auftragssteuerung (PPS)

Wie einleitend geschildert, eröffnet eine fluide Montage „ohne Band und Takt" (vgl. Abb. 4.1) neue Freiheitsgrade der Auftragssteuerung. Bisherige Strategien und Verfahren berücksichtigen diese neuen Freiheitsgrade nicht systematisch und sind deshalb

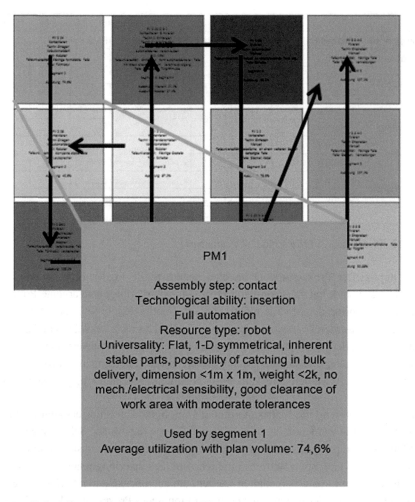

Abb. 4.11 Beispiellayout mit Prozessmodulen [7]

gezielt zu erweitern. Im kurzfristigen Bereich betrifft dies vor allem die Produktions- und Versorgungslogistik mit den Aspekten:

- Produktionssteuerung (erweitert die klassischen vier Fertigungssteuerungsaufgaben – Auftragsfreigabe, Reihenfolgesteuerung, Kapazitätssteuerung und Auftragserzeugung – um mindestens zwei weitere: Arbeitsverteilung, Operationsreihenfolgesteuerung) sowie
- Versorgungssteuerung (die logistische Anbindung der Zulieferer inklusive der Bereitstellungsformen am Arbeitsplatz wird insbesondere bei ihrer Ortsvariabilität anspruchsvoller).

Beides verändert die Steuerung der Intralogistik deutlich, da sowohl die innerbetriebliche Materialbereitstellung und -lagerung als auch ihre Transportsteuerung neuen Prinzipien und Regeln folgen müssen.

4.1.2.1 Produktionssteuerung

Gegenüber dem bekannten Modell der Fertigungssteuerung von Lödding [13] verdeutlichen die Untersuchungen zwei neue Produktionssteuerungsaufgaben einer fluiden Produktion:

- Operationsreihenfolgesteuerung: Sie legt die Reihenfolge der Arbeitsoperationen aus Auftragssicht fest; Stellgröße ist dabei der IST-Ablauf. Der Umlaufbestand an der jeweiligen Station bietet sich als bevorzugte Regelgröße an.
- Arbeitsverteilung: Sie ordnet dem Auftrag eine spezifische Arbeitsstation aus Ressourcensicht zu; Stellgröße ist die IST-Verteilung. Der Umlaufbestand an der jeweiligen Station bietet sich ebenso als bevorzugte Regelgröße an.

Abb. 4.12 stellt die bekannten und neuen Aufgaben der Produktionssteuerung anhand ihrer Stellgrößen und bevorzugten Regelgrößen vergleichend gegenüber.

Bestehende Steuerungsverfahren decken die erweiterten Stell- und Regelgrößen nicht ab, sodass neue Verfahren zu entwickeln sind.

4.1.2.2 Versorgungssteuerung

Die Versorgungssteuerung umfasst die dispositiven Aufgaben von der Ermittlung von Materialbedarfen über die Erzeugung entsprechender Produktions- und Logistikaufträge bis hin zur mengen-, termin- und qualitätsgerechten Anlieferung inklusive der Materialbereitstellung in der Produktion.

Eine bedarfsorientierte Aneinanderreihung der Arbeitsstationen und Bearbeitungsfolgen mit orts- und kompetenzveränderlichen Ressourcen erfordert dementsprechend dyna-

Aufgabe	Stellgröße	Regelgröße
Auftragserzeugung	SOLL-Zugang	Startabweichung
	SOLL-Abgang	Rückstand
	SOLL-Reihenfolge	Reihenfolgeabweichung (Operation, Bearbeitung)
	SOLL-Ablauf SOLL-Verteilung	
Auftragsfreigabe	IST-Zugang	Umlaufbestand
		Startabweichung
Kapazitätssteuerung	IST-Abgang	Umlaufbestand
		Rückstand
Bearbeitungsreihenfolgesteuerung	IST-Reihenfolge	Reihenfolgeabweichung
Operationsreihenfolgesteuerung	IST-Ablauf	Umlaufbestand
Arbeitsverteilung	IST-Verteilung	Umlaufbestand

Abb. 4.12 Aufgaben der Produktionssteuerung

mische und flexible **Materialbereitstellungskonzepte.** Grundsätzlich gilt: Die Materialien müssen zum jeweils geplanten Starttermin der Montageaktivität am Montageort bereitstehen. Für den Fixierungszeitpunkt des Verbauortes lassen sich zwei Konzepte unterscheiden:

- Die **ortsfixierte Materialbereitstellung** erfordert eine frühzeitige Fixierung des Verbauortes, um den Transportauftrag der Materialbereitstellung noch abzuarbeiten. Die notwendige Transportzeit (genauer: Durchlaufzeit von der Auftragserzeugung des Transportauftrags bis zur Materialübergabe am Verbauort) bestimmt den spätesten Fixierungszeitpunkt des Verbauortes.

Aufbauend auf dem in der Automobilendmontage bereits eingesetzten Konzept der Warenkorb-Bereitstellung (vgl. auch [11], S. 196) besteht eine Grundüberlegung darin, die klassische, ortsfixierte Materialbereitstellung zu dynamisieren. Somit lassen sich auch kurzfristige Änderungen des Verbauortes während des Montageablaufs noch kontrollieren:

- Die Kernidee der **ortsdynamischen Materialbereitstellung** besteht darin, die fahrzeugspezifischen, teilkommissionierten Materialien im Verbund (Karosse – Material) zu transportieren. Aus Platzgründen ist dies nicht für den vollen Montageumfang möglich, sodass an bestimmten Zwischenpunkten eine Nachversorgung erforderlich ist. Direkt nach Freigabe des Fertigungsauftrags zur Endmontage erfolgt die Freigabe eines entsprechenden Transportauftrags (TA_1) zur Materialversorgung. Ein teilkommissioniertes Material-FTF wartet am Ende des Prozessmoduls (Arbeitsgang X, AG_X) auf die Fertigstellung des Fertigungsauftrags. Ein weiterer Transportauftrag (TA_2) löst die Kopplung von Material-FTF mit dem FTF der Karosse zu einem Verbund von Karosse und Montagematerial aus. Im Verbund findet der Transport zu dem darauffolgenden Prozessmodul (AG_{X+1}) statt. Während des Verbundtransportes lässt sich der Verbauort anhand der aktuellen Auslastung o. ä. dynamisch anpassen, sodass auch kurz vor Erreichen des anfänglich festgelegten Verbauortes noch Verbauortänderungen erfolgen können. Diese dynamische Anpassung erlaubt – im Vergleich zur ortsfixierten Bereitstellung – ein späteres Festlegen des Verbauortes (VO fixiert). Diese Flexibilisierung führt zu einer Verlängerung der Gesamttransportzeit der Montagematerialien. Zu der eigentlichen Transportzeit (TZ_M) zum Prozessmodul (AG_X), erfolgt eine Zwischenlagerung (L_M) der Materialien am Ende des Prozessmoduls (AG_X) sowie der Transport (TZ_V) im Verbund mit der Karosse zu Prozessmodul (AG_{X+1}). Erste Untersuchungen zeigen vielversprechende Vorteile bei der Bereitstellflexibilität sowie der Steuerung des intralogistischen Verkehrs; diese sind noch genauer zu untersuchen.

Abb. 4.13 stellt die Prinzipien gegenüber und zeigt ihre Auswirkungen auf die verfügbare Transportzeit und Verbauortflexibilität:

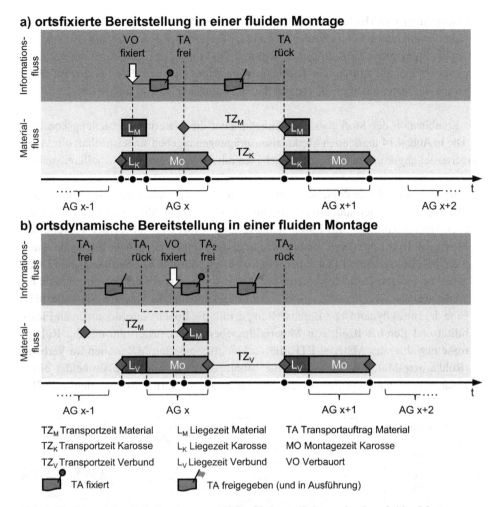

Abb. 4.13 Materialbereitstellvarianten zeitlicher Verbauortfixierung in einer fluiden Montage

Aufbauend auf diesen Grundüberlegungen zur Dynamisierung lässt sich die Materialbereitstellung über acht Merkmale beschreiben. Sie sind in die drei Kategorien funktional,
materiell und informatorisch eingeteilt (Abb. 4.14):

- **Funktionale Merkmale**: Das Merkmal Prozessmodulstruktur drückt die funktionale
  und technologische Ausprägung der Prozessmodule aus. Das Merkmal Materialbereitstellungsort differenziert die ortsdynamische und -statische Materialbereitstellung aus.
- **Materielle Merkmale**: Das Merkmal Materialabruf kennzeichnet die Initiierung des
  Materialnachschubs am Materialbereitstellungsort. Die beiden Merkmale Materialbe-
  reitstellungsquelle und Materialhauptlager beschreiben Materialpuffer beziehungs-
  weise Materiallager, die das für die Montage benötigte Material zwischenspeichern.

- **Informatorische Merkmale**: Die Fertigungsauftragserzeugung generiert aus dem Produktionsprogramm Montageaufträge und legt die Sollwerte von Zugang und Abgang der Fertigung sowie die Soll-Reihenfolge fest. Die Auftragsfreigabe bestimmt den Zeitpunkt ab dem ein Auftrag zur Bearbeitung bereitgestellt wird. Der Lieferabruf übermittelt die Materialbedarfsmengen an die direkt angebundenen Lieferanten.

Die Kombination der Merkmalsausprägungen leitet die Materialbereitstellungskonzepte ab. Die in Abb. 4.14 markierten Merkmalsausprägungen ergeben so beispielhaft ein Materialbereitstellungskonzept für Technologieboxen mit dezentral dynamischem Bereitstellort:

- Eine optimierte Technologiebox kombiniert die für einen Montagevorgang benötigten Montagetechnologien und ermöglicht die Unterteilung der Montage in Bereiche gleicher Montagevorgänge. So lassen sich bspw. die Prozessmodulwechsel während des Montageablaufs optimieren. Redundante Fertigungsmittel erhöhen die Kapitalbindung. Sind diese ortsveränderlich, können nicht vollständig ausgelastete Fertigungsmittel Aufgaben an anderen Technologieboxen verrichten. Ortsveränderliche Fertigungsmittel erhöhen also das Verkehrsaufkommen in der Produktion und die Steuerungskomplexität.
- Eine dezentral dynamische Bereitstellung erfüllt die hohen Anforderungen an Flexibilität und Bereitstellzeit: Auf Materialflussebene transportiert ein mit der Rohkarosse mitfahrendes Material-FTF, die vorkommissionierten Materialien im Verbund (Rohkarosse-Material-FTF) durch die Montage. Diese Kopplung vermeidet einen zusätzlichen Materialpuffer. Material und Rohkarosse warten also zeitgleich auf Be-

	Merkmale	Ausprägungen			
funktional	Prozess-modulstruktur	1-Prozessbox	Technologiebox	Optimierte Technologiebox	Universalbox
	Materialbereit-stellungsort	Dezentral auf Pufferfläche	Dezentraler Bereichspuffer	Zentral in Montage-hauptpuffer	Dezentral dynamisch
materiell	Materialabruf	Verbrauchsgesteuert		Bedarfsgesteuert	
	Materialbereit-stellungsquelle	Zentral in einem Wareneingangspuffer	Zentral in einem Montagehauptpuffer	Dezentral in einem Bereichspuffer	
	Material-hauptlager	Zentral in einem Wareneingangslager		Zentral in einem Montagelager	
informatorisch	Fertigungs-auftrags-erzeugung	Auslösungsart	Erzeugungsumfang	Auslösungslogik	
		Auftrags-fertigung / Lager-fertigung	ein-stufig / mehrstufig	periodisch / ereignis-orientiert	
	Fertigungs-auftrags-freigabe	Direktfreigabe	Bestandsgeregelt	Belastungsgeregelt	Termingeregelt
	Lieferabruf zum 1-Tier-Lieferanten	Verbrauchsgesteuert		Bedarfsgesteuert	

zunehmende Komplexität der Materialbereitstellung

Abb. 4.14 Morphologie der Materialbereitstellung

arbeitung am Prozessmodul. Auf Informationsflussebene erlaubt die dezentral dynamische Bereitstellung das, im Vergleich zur ortfixierten Bereitstellung, spätere zeitliche Fixieren des Verbauortes. Dies stellt die vollständige Materialversorgung bei gleichzeitig auch kurzfristiger, flexibler Anpassung des Verbauortes sicher ohne dass sich der Montageablauf durch Fehlteile verzögert.

• Die Materialversorgung der Folgeschritte erfolgt nach Montagefortschritt. Ein Materialpuffer in einem Montagehaupt- oder Bereichspuffer ist nicht notwendig, da das mitfahrende Material-FTF vor Montagestart diese Pufferung übernimmt.

• Die Materialien werden durch das Materialhauptlager am Wareneingang nach der Anlieferung aufgenommen und zur Abholung durch die Material-FTFs auf einer Fläche bereitgestellt.

• Die Fertigungsaufträge basieren auf realen Kundenaufträgen. Da die Montage nicht in eine Vor- und Endmontage unterteilt ist, erfolgt die Erzeugung der Fertigungsaufträge einstufig.

• Die belastungsgeregelte Auftragsfreigabe gibt einen Auftrag basierend auf einer vorangegangenen Kapazitätsrechnung frei.

• Der Lieferabruf zum 1-Tier-Lieferanten erfolgt verbrauchsgesteuert nach Meldebestand.

Abb. 4.15 visualisiert das Bereitstellkonzept an einem einfachen Beispiel:

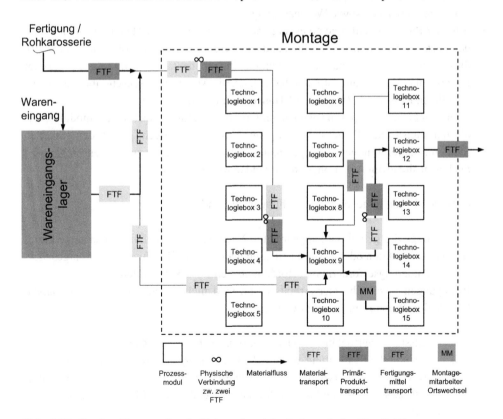

Abb. 4.15 Bereitstellkonzept für ein Universalmodul mit dynamischer Bereitstellung

Grundbausteine der intralogistischen Selbststeuerung

Wie beschrieben, erfordert eine fluide Montage eine hohe Flexibilität in der Intralogistik bezüglich Bereitstellort und -vorlaufzeit. Die Arbeit unterstellt deshalb folgende Thesen:

- Eine intralogistische Selbststeuerung bildet das konzeptionelle Fundament der flexiblen Teilebereitstellung. Hierbei gibt eine vorausschauende Planung den Handlungsspielraum so vor, dass noch angemessen auf kurzfristige Änderungen und Störungen im Bereitstell- und Montageprozess reagiert werden kann.
- Cyberphysische Produktionssysteme fusionieren die erforderlichen physischen und informatorischen Kompetenzen in einem intralogistischen Objekt. Dieses unterstützt die notwendigen intralogistischen Tätigkeiten (oder führt diese autonom aus) und verfügt hierzu über entsprechende Kommunikations- und Steuerungskompetenzen.

Die konzeptionelle Basis dieser intralogistischen Selbststeuerung bildet ein geeignetes Referenzmodell. Es

- gliedert die Intralogistik in die bekannten sechs Prozessabschnitte, also Wareneingang, innerbetrieblicher Transport, Lagerung (mit Einlagern, Lagern, Auslagern), Kommissionieren, Verpacken sowie Warenausgang.
- folgt der Prozessablauffolge eines allgemeinen Vorgangs- oder Handlungsmodells mit den Phasen vorbereiten, durchführen und nachbereiten (vgl. dazu ausführlich [2], S. 79); diese beginnt und endet auf der Informationsflussebene. Ein so definierter generischer Prozessablauf der Intralogistik beinhaltet auch die Anforderungsbeschreibungen an die benötigten Ressourcen (Lager- und Transportmittel, Mitarbeiter, …).
- folgt dem Lego-Prinzip: Ein sogenannter Grund- bzw. Elementarbaustein modularisiert die intralogistischen Prozesse so, dass sie anforderungsgerecht gemäß den aktuellen Steuerungsanforderungen zu sogenannten Abwicklungsfällen zusammensetzbar sind bis hin zu situativen Adaptionen im laufenden Montageprozess.

Dem Modell liegen folgende Vereinfachungen zugrunde:

- Ein Auftrag wird gemeinsam abgearbeitet. Nach Auftragsannahme (sogenannte Fixierung) ist ein Splitten oder Zusammenfassen während des Durchlaufs nicht vorgesehen. Spätere Änderungserfordernisse erfordern also eine Rückabwicklung.
- Bewegungen innerhalb einer Arbeitsstation sind nicht Gegenstand der Intralogistik (Black-Box-Prinzip) und werden vernachlässigt.

Jede Arbeitsstation verfügt über eindeutig gekennzeichnete Übergabeplätze, sodass Intralogistik und technische Bearbeitung an der Arbeitsstation organisatorisch klar getrennt sind.

Abb. 4.16 zeigt den generischen Elementarbaustein zur Auftragsabwicklung der Intralogistik. Die Prozessschritte sind nach Informations- und Materialflussebene in drei Phasen gegliedert:

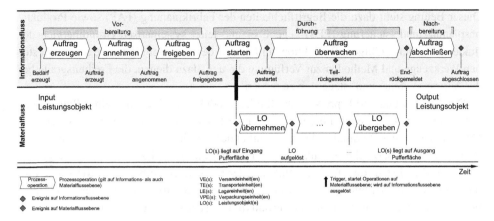

Abb. 4.16 Generischer Elementarbaustein zur Auftragsabwicklung der Intralogistik

- Vorbereitung: Das Ereignis „Bedarf erzeugt" löst den Vorbereitungsprozess aus. Dazu werden entsprechende Aufträge (der Intralogistik) erzeugt und bestätigt (fixiert). Die Freigabe schließt die Vorbereitung ab.
- Durchführung: Der Trigger für die eigentliche Durchführung bildet die physische Verfügbarkeit des Materials auf der Pufferfläche; die Auftragsfreigabe ist Voraussetzung für den physischen Beginn. Während der Durchführung sind Teilrückmeldungen möglich. Die Übergabe auf die Übergabefläche zum Nachfolger beendet die physische Durchführung; die Endrückmeldung beendet die Durchführung auf der Informationsflussebene.
- Nachbereitung: Diese umfasst die ggf. erforderlichen weiteren logistischen und finanziellen Buchungen. Der Auftrag ist damit logistisch und finanziell abgeschlossen (d. h. verrechnet).

In einem ersten Schritt erlaubt dieses Modell die Grobanalyse und Gestaltung der intralogistischen Abwicklungsprozesse inklusive ihrer Planung und Steuerung. Diese methodische Basis ermöglicht in Folgeschritten die Gestaltung der Planungs- und Steuerungslogik der beteiligten intralogistischen Prozesse und Ressourcen.

4.2 Zusammenfassung und Ausblick

Die Automobilindustrie steht vor großen Veränderungen, daher ist eine kundenindividuelle und hochflexible Produktion insbesondere für den Zukunftserfolg eines OEMs heute von zentraler Bedeutung. Die Realisierung einer solchen Produktion, die ganz individuell je nach Kundenwunsch produziert, hängt entscheidend von der Wandlungsfähigkeit des Unternehmens ab.

Die klassischen Produktionsstrukturen erlauben eine solche Wandlungsfähigkeit nicht, sodass es alternativer Möglichkeiten zur innerbetrieblichen Planung und Steuerung bedarf.

Dieser Beitrag stellt dazu die Begrifflichkeiten der Fabrikplanung (FAP) sowie Produktionsplanung und -steuerung (PPS) gegenüber und leitet systematisch Grundtheorien der fluiden (wandlungsfähigen) Produktion am Beispiel der Automobilindustrie ab. Damit stehen Werkzeuge und Methoden zur Verfügung die u. a. dazu dienen, die Freiheitsgrade bei der Auftragsplanung und -steuerung zu nutzen.

Die Entwicklung und Erprobung der fluiden Produktion soll anhand einer Batteriemodulmontage in der zweiten Förderphase der ARENA2036 dargestellt werden. Um die Übertragbarkeit des Produktionskonzepts auf andere Produkte sicherzustellen, werden im Projektverlauf zusätzliche Produktionsumfänge der Automobil(zuliefer)industrie aufgenommen. Dabei steht die effiziente Nutzung der Freiheitsgrade bei der Auftragsplanung und Steuerung im Mittelpunkt. Des Weiteren sind die Auswirkungen der Bereitstellflexibilität auf die Gesamtausbringung des Produktionssystems zu untersuchen.

Literatur

1. Aurich JC, Barbian P, Wagenknecht C (2003) Prozessmodule zur Gestaltung flexibilitätsgerechter Produktionssysteme. Z Wirtsch Fabrikbetr (ZWF) 98(5):214–218
2. Ballmer T, Brennenstuhl W (1986) Deutsche Verben. Eine sprachanalytische Untersuchung des Deutschen Verbwortschatzes, Bd 19. Narr. Ergebnisse und Methoden moderner Sprachwissenschaft, Tübingen. ISBN 3-87808-319-x
3. Bauernhansl T (2014) Die Vierte Industrielle Revolution – Der Weg in ein wertschaffendes Produktionsparadigma. In: Bauernhansl T, ten Hompel M, Vogel-Heuser B (Hrsg) Industrie 4.0 in Produktion, Automatisierung und Logistik: Anwendung Technologien, Migration, 1. Aufl. Springer Vieweg, Wiesbaden, S 5–35
4. Brown CA (2005) Teaching axiomatic design to engineers – theory, applications, and software. J Manuf Syst 24(3):186–195
5. Foith-Förster P, Eising J-H, Bauernhansl T (2017) Effiziente Montagesysteme ohne Band und Takt: Sind modulare Produktionsstrukturen eine konkurrenzfähige Alternative zur abgetakteten Linie? wt Werkstattstechnik online 107(3):169–175
6. Foith-Förster P, Wiedenmann M, Seichter D, Bauernhansl T (2016) Axiomatic approach to flexible and changeable production system design. Procedia CIRP 41(2016):8–14
7. Foith-Förster P, Bauernhansl T (2015) Changeable and reconfigurable assembly systems: a structure planning approach in automotive manufacturing. In: 15th Stuttgart international symposium – automotive and engine technology – documentation volume 2: Springer Vieweg, Stuttgart/Wiesbaden, 17.–18. März 2015, S 375–394
8. Greschke PI (2016) Matrix-Produktion als Konzept einer taktunabhängigen Fließfertigung. Vulkan, Braunschweigt
9. Helander MG, Lin L (2002) Axiomatc design in ergonomics and an extension of the information axiom. J Eng Des 13(4):321–339
10. Hofmann C, Brakemeier N, Krahe C, Stricker N, Lanza G (2019) The impact of routing and operation flexibility on the performance of matrix production compared to a production line. In: Proceedings of the 8th congress of the German Academic Association for Production Technology (WGP), Aachen, 19–20 November, 2018. https://doi.org/10.1007/978-3-030-03451-1_16

11. Klug F (2018) Logistikmanagement in der Automobilindustrie: Grundlagen der Logistik im Automobilbau, 2. Aufl. Springer, Berlin/Heidelberg/New York, S 1–518. ISBN 978-3-662-55873-7

12. Krebs M, Goßmann D, Erohin O, Bertsch S, Deuse J, Nyhuis P (2011) Standardisierung im wandlungsfähigen Produktionssystem: Einfluss der Prozess- und Ressourcenstandardisierung auf die Wandlungsfähigkeit. Z Wirtsch Fabrikbetr (ZWF) 106(12):912–917

13. Lödding H (2016) Verfahren der Fertigungssteuerung. Grundlagen, Beschreibung, Konfiguration, 3. Aufl. Springer Vieweg (VDI-Buch), Berlin/Heidelberg. ISBN: 978-3-662-48458-6

14. Nyhuis P, Deuse J, Rehwald J (2013) Wandlungsfähige Produktion: Heute für morgen gestalten; WaProTek – Wandlungsförderliche Prozessarchitekturen; … im Rahmenkonzept „Forschung für die Produktion von morgen"; … im Rahmen des Ideenwettbewerbs „Standortsicherung durch Wandlungsfähige Produktionssysteme" das Verbundprojekt „Wandlungsförderliche Prozessarchitekturen" (WaProTek), PZH-Verl; Technische Informationsbibliothek u. Universitätsbibliothek, Garbsen, Hannover

15. Roßkopf M, Reinisch H (2004) Prozessmodulare Gestaltung von Produktionssystemen. In: Wiendahl H-P, Gerst D, Keunecke L (Hrsg) Variantenbeherrschung in der Montage: Konzept und Praxis der flexiblen Produktionsendstufe. Springer, Berlin, S 231–246

16. Shannon CE (1948) A mathematical theory of communication. Bell Syst Tech J 27(3):379–423

17. Suh NP (2001) Axiomatic design: advances and applications, The MIT-Pappalardo series in mechanical engineering. Oxford University Press, New York

18. Suh NP (1990) The principles of design, Oxford series on advanced manufacturing, Bd 6. Oxford University Press, New York

19. Suh NP (1984) Development of the science base for the manufacturing field through the axiomatic approach. Robot Comput Integr Manuf 1(3/4):397–415

20. Suh NP, Bell AC, Gossard DC (1978) On an axiomatic approach to manufacturing and manufacturing systems. J Eng Ind 100(2):127–130

21. Ueda K, Fujii N, Hatono I, Kobayashi M (2002) Facility layout planning using self-organization method. CIRP Ann 51(1):399–402

22. Wiendahl H-H (2011) Auftragsmanagement in der industriellen Produktion. Grundlagen, Konfiguration, Einführung. Springer Vieweg, Berlin/Heidelberg

23. Wiendahl H-H, Barthel H, Westkämper E (2005) Stolpersteine im Beschaffungs- und Anlieferprozess variantenreicher Serienprodukte: Symptome, Ursachen, Lösungsansätze. Z Wirtsch Fabrikbetr (ZWF) 100(12):722–726

24. Wiendahl H-P, Reichardt J, Nyhuis P (2014) Handbuch Fabrikplanung. Konzept, Gestaltung und Umsetzung wandlungsfähiger Produktionsstätten, 2., überarb. u. erw. Aufl. Hanser, München. ISBN: 978-3-446-43892-7

25. Wirth S (2002) Kompetenznetze wandeln Produktions- und Fabrikstrukturen. In: Wirth S (Hrsg) Ver netzt planen und produzieren. Schaffer-Poeschel, Stuttgart, S 13–30. Zitiert nach: Schenk M, Wirth S, Müller E (2014) Fabrikplanung und Fabrikbetrieb. Springer, Berlin/Heidelberg, S 148

IT-Infrastruktur für die wandlungsfähige Produktion

5

Felix Kretschmer, Florian Frick, Armin Lechler
und Alexander Verl

Zusammenfassung

Eine wandlungsfähige Produktion erfordert eine ebenso wandlungsfähige steuerungstechnische- und zugehörige informationstechnische Architektur. Bisher vorzufindende physisch und logisch hart verdrahtete Architekturen erlauben keine schnelle und effiziente Umorganisation der Produktion. Ebenso die feste Zuordnung in hart voneinander getrennte Ebenen stellen ein Hindernis für die Wandlungsfähigkeit der Produktion dar. Erst durch neuartige serviceorientierte Architekturen und Informationsmodelle können Produktionsabläufe flexibel vernetzt und gesteuert werden. Dazu zählen sowohl die Kommunikation selbst, als auch darauf basierende Protokolle und Selbstbeschreibungen von den zur Verfügung gestellten fertigungstechnischen oder logistischen Fähigkeiten. Durch die Anpassungsfähigkeit an neue Herausforderungen bei einer Wandlung der Produktion, steigt die Komplexität in den einzelnen Maschinen und der damit verbundene Softwareanteil. In diesem Kapitel werden die Paradigmenwechsel mit Sicht auf die Steuerung und IT von wandlungsfähigen Produktionen dargestellt.

F. Kretschmer · F. Frick · A. Lechler (✉) · A. Verl
Institut für Steuerungstechnik der Werkzeugmaschinen und Fertigungseinrichtungen (ISW),
Universität Stuttgart, Stuttgart, Deutschland
E-Mail: armin.lechler@isw.uni-stuttgart.de

© Springer-Verlag GmbH Deutschland, ein Teil von Springer Nature 2020   45
T. Bauernhansl et al. (Hrsg.), *Entwicklung, Aufbau und Demonstration einer
wandlungsfähigen (Fahrzeug-) Forschungsproduktion*, ARENA2036,
https://doi.org/10.1007/978-3-662-60491-5_5

5.1   Paradigmenwechsel

Wandel in der Kommunikation

In den vergangenen Jahren sind in der IT der wandlungsfähigen Produktion deutliche Trends und Paradigmenwechsel zu beobachten. Heute sind die meisten Fertigungssysteme – aus informationstechnischer Perspektive – hierarchisch von der Prozess- zur Unternehmensebene strukturiert und organisiert. Eine Referenzarchitektur dieser Strukturierung ist das Konzept der Automatisierungspyramide. Der Informationsfluss innerhalb dieser Architektur führt zu einer Kommunikationsinfrastruktur, in welcher die Kommunikationspartner lediglich zwischen zwei benachbarten Ebenen Daten austauschen können. Der Datenfluss erfolgt strikt hierarchisch von einer Ebene zu nächsten. Dabei werden die Zykluszeiten in den unteren Ebenen immer kürzer bei gleichzeitig sinkender Datenmenge, die übertragen werden muss (vgl. Abb. 5.1).

Beeinflusst durch das Konzept cyberphysischer Produktionssysteme (CPPS) wird sich diese hierarchische Referenzarchitektur innerhalb der nächsten Jahre grundlegend wandeln. Nach Vogel-Heuser et al. [1] wird das Modell der Pyramide in ein flaches Netz aus Knoten aufgelöst werden. Jeder Kommunikationspartner repräsentiert einen Knoten innerhalb dieses Netzes und ermöglicht eine Kommunikation auf Basis von Informationsmodellen (vgl. Abb. 5.2). Hierzu wird eine einheitliche Schnittstelle benötigt, welche einerseits die technische Übertragung der Daten auf der Transportebene beschreibt und andererseits die semantische Beschreibung dieser Daten (sog. Informationsmodelle) ermöglicht.

Heutige Fertigungssysteme verfügen über eine hohe Anzahl an Schnittstellen, welche in externe und interne Schnittstellen unterschieden werden können. Interne Schnittstellen

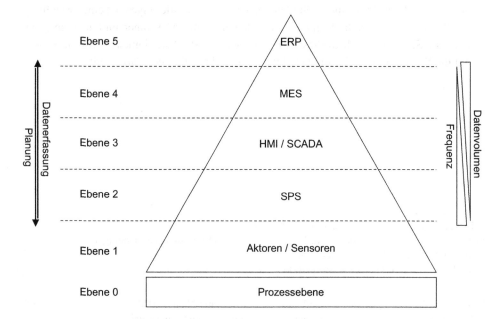

Abb. 5.1 Automatisierungspyramide der Kommunikation

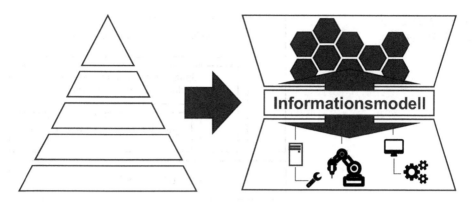

Abb. 5.2 Wandel in der Kommunikation von Hierarchie zu Informationsmodellen

werden grundsätzlich eingesetzt, um das Fertigungssystem mit zusätzlicher Steuerungs-
oder Prozesstechnik zu ergänzen, die oft mit zeitdeterministischen Anforderungen am
Wertschöpfungsprozess beteiligt sind [2]. Für den Informationsaustausch mit anderen Fertigungssystemen spielen Sie daher eine untergeordnete Rolle. Externe Schnittstellen hingegen werden für Verbindungen zu vertikal oder horizontal umgebenden Systemen eingesetzt wie etwa Benutzerschnittstellen (HMI), Manufacturing Execution Systems (MES)
oder Betriebs- und Maschinendatenerfassung. Aktuell sind diese Schnittstellen sehr hete-
rogen, proprietär spezifiziert und weisen unterschiedliche Eigenschaften in der technischen Datenübertragung und der semantischen Beschreibung der Informationen auf. Trotz
der Herstellerunabhängigkeit einiger Kommunikationsprotokolle stehen herstellerspezifische Informationsmodelle einer globalen Interoperabilität im Weg.

Mit der Einführung von „Open Platform Communications Unified Architecture" (OPC
UA) soll versucht werden, diesen Herausforderungen zu begegnen und eine herstellerun-
abhängige Interoperabilität in der Machine-To-Machine-Kommunikation (M2M-Kommu-
nikation) zu ermöglichen. Mit OPC UA existiert somit ein „defacto Standard für die Kommunikation in Industrie 4.0-Projekten" [3].

OPC UA als Kommunikationsstandard für Industrie 4.0
OPC UA vereint die technische Spezifikation des Informationsaustauschs (Transport
Layer) mit einem Datenmodell und dazugehörigen Modellierungsregeln (Information
Layer). Auf diesen zwei Basis-Layern aufbauend sind sogenannte OPC-UA-Base-Services
spezifiziert, welche beispielsweise den Kommunikationsaufbau, das Session-Handling
und Methoden zur Signierung und Verschlüsselung gewährleisten. OPC UA spezifiziert
darüber hinaus bereits Regeln für den Datenzugriff (Data Access – DA), Alarm- und Zu-
standsbenachrichtigungen (Alarms and Conditions – AC), den historischen Zugriff auf
Informationen (Historical Access – HA), sowie komplette Programme (Prog). Zwei weitere Ebenen ermöglichen nun die detaillierte Modellierung und Abbildung von Maschinen
und Anlagen, Prozessen oder Services in sogenannten Informationsmodellen. Diese unterscheiden sich in Informationsmodelle anderer Organisationen (sogenannte „Companion
Specifications") und herstellerspezifische Spezifikationen (siehe Abb. 5.3).

Abb. 5.3 OPC-UA-
Architektur [4]

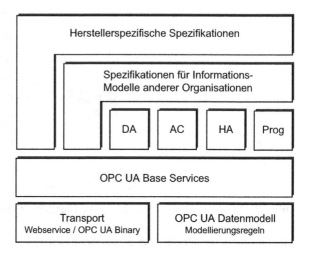

Companion Specifications sind hierbei branchen-, domänen- oder prozess-spezifische Informationsmodelle, welche herstellerunabhängig genutzt werden können und eine Interoperabilität über verschiedene Produkte hinweg liefern.

Herstellerspezifische Spezifikationen beinhalten zumeist proprietäre oder individuelle Informationsmodelle, welche auf bestehende Companion Specifications aufbauen, um den Funktionsumfang individuell zu ergänzen oder ein System abzubilden, für welches (noch) keine Companion Specification existiert.

Steigender Anteil an Software

Ein weiterer aktueller Trend ist der kontinuierlich steigende Softwareanteil in der Industrial IT. Anstelle speziell entwickelter Hardware werden Standardlösungen genutzt und so beispielsweise in zunehmendem Maße PCs mit Soft-PLCs als Plattform eingesetzt. Auch in der Kommunikationstechnik wird soweit möglich auf Standard-Ethernet-Lösungen zurückgegriffen. Die gesteigerte Nutzung von Software wirkt sich vorteilhaft auf Flexibilität, Kosten sowie Entwicklungs- und Inbetriebnahmezeiten aus.

Die Erhöhung des Softwareanteils folgt dem allgemeinen Trend, soweit wie möglich existierende Lösungen und Technologien zu adaptieren, um die Anzahl an aufwendigen und kostenintensiven Sonderlösungen zu reduzieren. Dies erlaubt eine Fokussierung auf die Prozesse und Applikationen, da weniger Ressourcen durch die Basistechnologieentwicklung gebunden sind (Abb. 5.4).

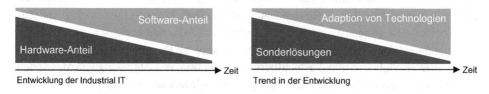

Abb. 5.4 Trendentwicklungen innerhalb der Produktionstechnik

5.2   Adaption von serviceorientierter Architektur für die serviceorientierte Produktionstechnik

Serviceorientierte Architektur

Serviceorientierte Architektur (SOA) ist ein Architekturparadigma aus der Softwaretechnik, welches sich durch die Trennung von Zuständigkeiten nach funktionalen Eigenschaften auszeichnet. Technische Details werden hierbei zu einzelnen Services gekapselt und können isoliert entwickelt, genutzt und aktualisiert werden. Jeder Service kann hierbei von anderen Services aufgerufen werden, um von der angebotenen Fähigkeit Gebrauch zu machen. Im Mittelpunkt steht die Wiederverwendbarkeit von Funktionalitäten in heterogenen Softwarelandschaften [5]. Mithilfe von SOA ist eine lose Kopplung von Anwendungen möglich, die aus einer Teilmenge verschiedener Services bestehen können.

Klare Vorteile dieser Architekturen liegen in der eventbasierten, losen und isolierten Kopplung der Services. Für den Aufruf einer Fähigkeit innerhalb eines Services ist keine dauerhafte Verbindung notwendig, sondern es genügt eine temporäre Kommunikation während des Serviceaufrufs.

Die Serviceaufrufe erfolgen über definierte Schnittstellen, welche durch jeden einzelnen Service individuell beschrieben werden können. SOA definiert hierbei weder den Zugriff noch die Protokolle, welche für Transport oder Semantik der Daten notwendig sind. Im Kontext der Web-Technologien haben sich für Web-Services Protokolle wie SOAP, WSDL etc. durchgesetzt.

Zur erfolgreichen Realisierung der o. g. Eigenschaften von SOA sind drei Komponenten notwendig. Der Service-Provider, die Service-Registry und der Service-Consumer. Abb. 5.5 zeigt den Zusammenhang der Komponenten im Dreieck der serviceorientierten Architektur.

Der **Provider** stellt einen Service bereit, welcher isoliert nutzbar ist und über eine Schnittstelle aufgerufen werden kann. Die Fähigkeiten des Service sowie die notwendigen Informationen zum Aufrufen der Schnittstelle veröffentlicht der Provider an der Service-Registry.

Die **Registry** ist vergleichbar mit einem Index über alle verfügbaren Services, deren Fähigkeiten und Schnittstellen, welche von anderen Services aufgerufen werden können. Ein potenzieller Service-Consumer hat die Möglichkeit die Registry nach verfügbaren Services zu durchsuchen und erhält die veröffentlichten Informationen.

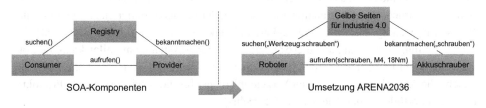

Abb. 5.5 Dreieck der serviceorientierten Architektur und Umsetzung in der ARENA2036

Der **Consumer** ist ein weiterer Service, welcher auf die Fähigkeiten eines anderen Service zugreifen möchte. Nachdem er in der Registry einen Service gesucht hat und die notwendigen Informationen erhalten hat, kann der Consumer den Provider über die vorliegende Schnittstelle aufrufen und die Fähigkeiten in Anspruch nehmen.

Serviceorientierte Produktionstechnik

Im Gegensatz zu SOA-Paradigmen besteht die industrielle Kommunikation in der Produktionstechnik aus permanenten Verbindungen zwischen Kommunikationsteilnehmern. Dieses Verhalten ist den historischen Strukturen und strengen Anforderungen an Robustheit und Echtzeit geschuldet. Betrachtet man Entwicklungen und Konzepte zu Industrie 4.0 der vergangenen Jahre, ist ein klarer Trend zu neuen Architekturparadigmen für die Produktionstechnik erkennbar.

Allem voran dient das Referenzarchitekturmodell Industrie 4.0 (RAMI4.0) als Grundlage für neue Entwicklungen. Des Weiteren spielen die Informations- und Softwaretechnik eine immer wichtigere Rolle und erweitern so auch die Möglichkeiten in der Kommunikation und Vernetzung. Die Herausforderungen und Ziele eines Forschungscampus wie ARENA2036 beschäftigen sich mit wandlungsfähiger Produktionstechnik, kontinuierlicher Rekonfiguration in Abhängigkeit der vorliegenden Anforderungen und einem möglichst hohen Grad an dezentralen Strukturen und Modularisierung. Paradigmen wie die serviceorientierte Architektur aus der Softwaretechnik haben unlängst Einzug in Fertigungssysteme erhalten und ermöglichen die Vernetzung von Modulen und Komponenten innerhalb eines Fertigungssystems bis zur Vernetzung vieler Fertigungssysteme zu ständig rekonfigurierbaren Fertigungslinien. Anforderungen an die Produktionstechnik orientieren sich nicht mehr an wiederkehrenden Prozessen und möglichst geringen Taktzeiten, sondern an der Bereitstellung von Fähigkeiten, die generisch genutzt werden können. Fertigungssysteme werden in Kombination mit ihren Schnittstellen als Services betrachtet, welche beliebig zu einer Anwendung bzw. einer Wertschöpfungskette gekoppelt werden können, um somit die serviceorientierte Produktionstechnik zu ermöglichen.

Für dieses Ziel müssen statische, dauerhafte Verbindungen von Kommunikationspartnern gelöst werden und zu lose gekoppelten, temporären Verbindungen aufgebrochen werden. Daher muss eine aufwendige Parametrierung und Konfiguration der Kommunikationsteilnehmer entfallen und Kommunikation auf nachrichtenbasierten Modellen für den Informationsaustausch stattfinden. Ähnlich den Services bei Anwendungen, müssen auch Fertigungssysteme serviceähnliche Schnittstellen aufweisen, damit eine Interaktion möglich wird. Darüber hinaus ist analog zum Dreieck der serviceorientierten Architektur eine Registry notwendig, welche die verfügbaren Fähigkeiten und Schnittstellen innerhalb der Wertschöpfungskette kennt und diese anderen Fertigungssystemen mitteilen kann. Im Forschungsprojekt ForschFab wurden hierfür die Gelben Seiten für Industrie 4.0 entwickelt, welche die Anforderungen an einen Verzeichnisdienst für die serviceorientierte Produktionstechnik erfüllen sollen (siehe Abb. 5.5 rechts).

5.3   Gelbe Seiten für Industrie 4.0

Für eine wandlungsfähige Produktion des Projekts ForschFab galt es eine Plattform zur Realisierung von Industrial-IT-Anforderungen zu entwerfen. Hierzu wurden die IT-Plattformen und der Einsatz von Schnittstellen bei den Forschungspartnern gesammelt und mögliche Vorgehensweisen zum Austausch von Informationen definiert.

Im Vordergrund steht hier das Konzept der Serviceorientierung. Es kommt in agilen Projekten der IT zum Einsatz, in welchen die Herausforderungen der dynamischen Entwicklung, dezentraler Systeme und heterogener Netze zu bestehen sind.

Da diese Eigenschaften in der ForschFab der ARENA2036 ebenfalls bestehen, wurde das Paradigma der serviceorientierten Architekturen in die Produktions- und Montagetechnik adaptiert. Dies hat den Vorteil, dass jeder Partner seine Applikationen und Anwendungen weiterhin selbst entwickeln kann, diese jedoch über offene und standardisierte Schnittstellen schnell in das Gesamtkonzept integriert werden können. Ein großer Vorteil ist, dass dank der Architektur- und Schnittstellendefinition, Planungssysteme unabhängig entwickelt und anschließend an unterschiedliche Steuerungen und Stationen angeschlossen werden können.

Des Weiteren wurde im Rahmen von Industrial IT das Abbild der aktuellen Produktionskonfiguration in ein digitales Datenmodell überführt, um einen Status quo abzubilden und mithilfe von Simulationen potenzielle Szenarien der Wandlung durchzuspielen. Die Grundlage bilden die Gelben Seiten für Industrie 4.0 (GESI), in welchen jede digitale Einheit eine Repräsentanz ihrer Fähigkeiten und Schnittstellen hinterlegt. Die Informationen können von jeder digitalen Einheit abgefragt und für Simulationen, Analyse- oder Planungstools genutzt werden.

Die geplante Architektur wurde im Laufe des Projekts als ein einheitliches Kommunikationskonzept auf Basis von OPC UA umgesetzt. Abb. 5.6 zeigt die Architektur zur Integration verschiedener Dienste und Anlagen. Hierbei wurden bestehende Informationsmodelle genutzt und auf die Anwendungsfälle des Projekts angepasst. Die Umsetzung der Gelben Seiten für Industrie 4.0 ermöglicht die Verlagerung des Steuerungsparadigmas von Maschinen und Anlagen auf höhergeordnete Prozesse. So wurden Informationsmodelle für den Datenaustausch mit fahrerlosen Transportsystemen und wandlungsfähigen Betriebsmitteln entwickelt. Diese bilden den notwendigen Umfang an digitalen Informationen für die vorliegenden Anwendungsfälle ab. Der bisher lokal verbliebene Anteil zur Ablaufsteuerung, die innerhalb einer herkömmlichen speicherprogrammierbaren Steuerung (SPS) ausgeführt wurde, soll dazu abgespalten und in produktionsübergreifende Systeme integriert werden. Basierend auf den strukturierten Produktionsabläufen und Spezifikationen der Montage- und Logistikprozesse wurde ein Konzept zur dynamisch anpassbaren Industrial IT entwickelt, welches bedarfsgerecht auf Änderungen im Produktionsablauf eingehen kann.

Zur Abbildung der Produktionsabläufe werden Informationsmodelle als Funktions- und Schnittstellenbeschreibungen definiert, welche eine standardisierte Semantik für den Kom-

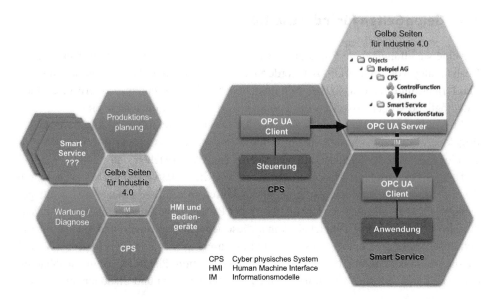

Abb. 5.6 Software- und Datenmodell GESI

munikationsablauf liefern. Für eine breite Anwendung und einen herstellerübergreifenden Datenaustausch wird ebenfalls auf bestehende Companion Specifications der OPC-Foundation (http://www.opcfoundation.org) zurückgegriffen.

Neben der kontinuierlichen Erweiterung von GESI und der Abbildung von Betriebsmitteln und aktueller Produktionskonfiguration in einer einheitlichen Industrial-IT-Architektur entstand der Bedarf eines wandlungsfähigen Bedienkonzepts zur Anbindung von Produktionsmitteln. Bei Bedienerschnittstellen wandeln sich bei angepasster Produktion auch der notwendige Funktionsumfang bzw. die abgebildeten Informationen. Ein wandlungsfähiges Bedienkonzept bzw. Framework zur Anpassung von HMIs sollte den folgenden Anforderungen an die Produktion im Rahmen der ForschFab gerecht werden:

- Adaptive Visualisierung von Betriebsmitteln
- Intuitive Anpassung der HMI-Funktionen
- Abbildung verfügbarer Parameter aus GESI
- Einfache Rekonfiguration der HMI ohne lange Inbetriebnahme-Zyklen

Verglichen mit dem bisherigen Produktionsumfeld, ist die Kommunikation nicht weiterhin statisch verbunden, sondern kommuniziert auf Basis von Informationsmodellen innerhalb eines Netzwerks (vgl. Abb. 5.7).

Die Verbindungen zwischen übergeordneten Systemen wurden bisher statisch zum Zeitpunkt der Inbetriebnahme erstellt. Bei Rekonfiguration der Prozesse oder Änderungen in der Wertschöpfungskette mussten zeitaufwendige Engineeringaufgaben bewältigt werden, um die bestehenden Verbindungen zu analysieren, neu zu planen, zu realisieren und zu

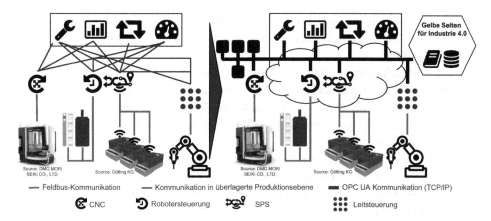

Abb. 5.7 Veränderung in der Kommunikation. Statische Verbindungen werden aufgelöst

testen. Neben möglichst geringen Stillstandszeiten galt es gleichzeitig die Anforderungen an die Produktionstechnik hinsichtlich Echtzeit, Robustheit und Security zu gewährleisten.

5.4 TSN als Enabler für Industrial IT auf einer Architektur

Zur Umsetzung einer serviceorientierten Architektur mit OPC UA wird Kommunikations-infrastruktur benötigt, wie sie im IT-Umfeld vorherrschend ist: Ethernet-basierte (IEEE 802.1) Netzwerke erlauben flexible Kommunikationsbeziehungen, eine große Anzahl an Teilnehmern, die sich im Betrieb ändern können, sowie unterschiedliche Topologien. Standard Ethernet kann im industriellen Umfeld für Verbindungen genutzt werden, welche keine harten Echtzeitanforderungen erfüllen müssen. Dies ist beispielsweise für Steuerung-Leitsystem-Verbindungen oder HMI-Anbindungen der Fall.

Strikte Echtzeitanforderungen, wie diese bei der Anbindung der Feldebene oder auch Steuerung-Steuerung-Kommunikation gelten, kann Ethernet nicht erfüllen. Dies trug maß-geblich zur Entwicklung der heute vorherrschenden inhomogenen Feldbuslandschaft bei. Die Feldbusse sind hinsichtlich ihrer deterministischen Eigenschaften optimiert, können aber nicht mit Standard-IT-Netzen und Geräten integriert werden. Entsprechend schwierig gestaltet sich daher eine konsequente Umsetzung der angestrebten serviceorientierten Ar-chitektur. Das Tunneln von OPC UA ist durch einige Feldbusse möglich, jedoch mit signi-fikantem Overhead und wesentlichen Einschränkungen in der Flexibilität verbunden.

Um den Anforderungen gerecht zu werden sind Netze notwendig, welche die Anforde-rungen und Eigenschaften von IT- und OT (Operation Technology)-Netzen vereinen, so-genannte konvergente Netze.

Von zentraler Bedeutung zur Realisierung von konvergenten Netzen sind die aktuellen Arbeiten im Kontext des Time Sensitive Networkings (TSN). Ziel ist die Erweiterung von Standard-Ethernet um Echtzeitfähigkeiten, wofür der IEEE 802.1-Standard um eine Reihe neuer Funktionen ergänzt wird. Die neuen Funktionen beinhalten Zeitsynchronisation, Scheduling und Redundanz. Darüber hinaus werden auch Themen wie die Netzkonfiguration berücksichtigt.

Die TSN-Mechanismen erlauben – anders als klassische Feldbusse, bei welchen klare Prioritäten zwischen den Datenklassen herrschen – die Koexistenz mehrere Echtzeitnetze in einem physikalischen TSN-Netz. Geräte können über eine einzige Verbindung zyklische Echtzeitdaten mit deterministischen Garantien senden und gleichzeitig Standard-Ethernet-Features bieten.

Von besonderem Interesse ist TSN in Kombination mit der Publisher/Subscriber-Erweiterung von OPC UA. Die Kombination ermöglicht eine zyklische, deterministische Kommunikation basierend auf den OPC-Datenmodellen und erfüllt daher die Anforderungen an einen Feldbus.

Literatur

1. Vogel-Heuser B, Kegel G, Bender K, Wucherer K (2008) Global information architecture for industrial automation. atp 51(1):108–115
2. Weck M, Brecher C (2006) Werkzeugmaschinen 4 – Automatisierung von Maschinen und Anlagen (Machine tools 4 automation of machines and equipment). Springer, Berlin, S 162–163
3. Mehrwert durch Software (2018) VDMA Software und Digitalisierung. VDMA Verlag GmbH, Frankfurt am Main
4. www.ascolab.com
5. Richter J-P, Haller H, Schrey P (2005) Serviceorientierte Architektur. Inform Spektrum 28:413–416

Wandlungsfähige Roboter für die Automobilproduktion

6

Manuel Fechter

Zusammenfassung

Die Wandlungsfähigkeit von Montagesystemen steht im Mittelpunkt der Betrachtungen der ARENA2036. Automatische Systeme weisen dabei klassischerweise schlechtere Voraussetzungen zur Wandlung auf, da sich diese Systeme nicht in der selben Geschwindigkeit und im selben Umfang (re-)konfigurieren lassen, wie dies beispielsweise bei manuellen Montagesystemen möglich ist. Die Mensch-Roboter-Kollaboration (MRK) verspricht eine technische Lösung zur Implementierung wandlungsfähiger Montagesysteme. Im Idealfall können die Stärken einer menschlichen Arbeitskraft mit den Stärken eines Industrieroboters gepaart werden. Es gilt MRK zielführend zu planen und technisch passende sowie betriebswirtschaftlich sinnvolle Anwendungs- und Einsatzszenarien zu definieren, bei denen sich Mensch und Roboter ideal ergänzen. Weiterhin soll durch den Einsatz geeigneter Programmier- und Werkzeugsysteme der Aufwand in die Inbetriebnahme und Adaption der Systeme gering gehalten werden. Dies wird anhand von zwei Beispielen aus intuitiver Roboterprogrammierung und wandlungsfähiger Roboterperipherie erklärt.

Roboter sind aus der Wertschöpfungskette der Automobilproduktion nicht mehr wegzudenken. In der Rohbaufertigung und Oberflächenbearbeitung finden bereits heute große Teile der Wertschöpfung automatisiert statt. Laut Statistik der IFR (International Federation of Robotics) ist die Automobilindustrie damit einer der wichtigsten Märkte für Industrieroboter [1].

M. Fechter (✉)
Fraunhofer Institut für Produktionstechnik und Automatisierung IPA, Stuttgart, Deutschland
E-Mail: manuel.fechter@ipa.fraunhofer.de

© Springer-Verlag GmbH Deutschland, ein Teil von Springer Nature 2020
T. Bauernhansl et al. (Hrsg.), *Entwicklung, Aufbau und Demonstration einer wandlungsfähigen (Fahrzeug-) Forschungsproduktion*, ARENA2036,
https://doi.org/10.1007/978-3-662-60491-5_6

Mehr als 80 % der Karosserieproduktion sind automatisiert. Die Fahrzeugendmontage und die zugehörigen (Komponenten-)Vormontagen erfolgen aber nach wie vor weitestgehend manuell und weisen einen erheblich niedrigeren Automatisierungsgrad von ca. 5 % auf [2]. Gründe hierfür sind die hohe Variantenvielfalt und die dadurch bedingte Komplexität der Montageprozesse, welche eine Automatisierung technisch erschweren oder unwirtschaftlich erscheinen lassen. Neue Produktionskonzepte und Weiterentwicklungen der Robotik sind daher zwingend erforderlich, um Automatisierung in diesen technisch anspruchsvollen Gewerken anwenden zu können.

Neben den technischen Herausforderungen ändern sich die Rahmenbedingungen für den Einsatz von Robotern in der Automobilindustrie. Aufgrund einer zu erwartenden größeren Variantenvielfalt und kürzeren Produktlebenszyklen müssen Produktionssysteme befähigt werden, den steigenden Anforderungen volatiler Märkte Rechnung zu tragen [3]. Neben einer schnellen Inbetriebnahme und der technischen Anpassungsfähigkeit der Automatisierungsprozesse kommt der bedarfsgerechten Einsatzplanung und Arbeitsteilung der Montageschritte zwischen Mensch und Roboter eine Schlüsselrolle zu.

Das nachfolgende Kapitel zeigt Ergebnisse der Forschungsfabrik der ARENA2036 zum Einsatz wandlungsfähiger Automatisierungssysteme auf, die es erlauben, Roboter in kürzerer Zeit und mit geringerem Aufwand als bisher in der flexibel verketteten Montage einzusetzen.

Die nachfolgenden Unterkapitel adressieren die Anforderungen an moderne Robotersysteme, eine mögliche Auslegungs- und Planungsunterstützung während der Konzeptionsphase, den Aufbau hybrider Werkzeuge für die manuelle und kollaborierende Montage sowie eine intuitive Programmierschnittstelle für Industrieroboter.

6.1   Nutzungsszenario und Anforderungen an moderne Robotersysteme

Der Einsatz von Robotern in der Automobilindustrie erfolgt, meist in Produktionsbereichen mit überschaubarer Varianz und festen, strukturierten Rahmenbedingungen. Dies trifft hauptsächlich auf den Beginn der Produktionskette im Karosseriebau und in der Oberflächenfertigung zu. Die Systeme werden dabei fast immer mit Ausblick auf einen längerfristigen Zeitraum von üblicherweise zwei Produktlebenszyklen implementiert.

In den allermeisten Fällen werden die Arbeitsabläufe der Roboter fest programmiert, sodass diese ihre Arbeiten „blind" ausführen können. Abweichungen aufgrund von Bauteiltoleranzen oder Fehlern in der Bereitstellung der Komponenten können in der Regel nicht oder nur unter hohem sensorischen Aufwand erkannt und ausgeglichen werden. Die exakte Position der zu handhabenden oder zu bearbeitenden Komponenten muss in diesem Fall mittels Förder- und Vorrichtungstechnik aufwendig definiert werden. Aus diesem Grund bilden die Betriebsmittel der automatisierten Handhabung wie etwa Greifer, Vorrichtungen und Drehspeicher die Bauteilgeometrie ganz oder teilweise ab.

Eine geometrische Änderung der Bauteile erfordert aus genannten Gründen eine zeitintensive, aufwendige Anpassung der Form – und Lageelemente. Durch die Anpassung der

Vorrichtungen entstehen hohe Kosten, die sich nur bei den bisher gängigen, langen Produktlebenszyklen in der Automobilindustrie wirtschaftlich rechnen. Auf Basis aktueller Entwicklungen wird davon ausgegangen, dass sich der Trend zu mehr Produktvarianten fortsetzen und die Verkürzung der Produktlebenszyklen weiter voranschreiten wird. Der dominante Produkttyp der Automobilindustrie war in den vergangenen Jahren der Verbrennungsmotor. Dieser hat zu weitestgehend identischen, standardisierten Produktionsstrukturen und -abläufen in den Aufbauwerken geführt.

Insbesondere durch den Einzug alternativer Antriebstechnologien und einer fortschreitenden Diversifizierung der Produktplatte entsteht eine hohe Unsicherheit bezüglich zukünftiger Produktionsprozesse und -technologien. Es ist davon auszugehen, dass sich der dominante Produkttyp des Antriebskonzeptes durch den Einzug der Elektromobilität und der weiteren Verbreitung hybrider Antriebsstrukturen verändern wird. Der Wandel der Produktpalette und Kundennachfrage kann nur mit hoher Unsicherheit prognostiziert werden. Daher muss die Automobilproduktion zukünftig in der Lage sein, in kurzer Zeit neue Produkte aufzunehmen und sich an die geänderten externen Rahmenbedingungen anzupassen. Dies bedingt eine höhere Komplexität der Produktion, die mit den bestehenden Ansätzen der Montage- und Fertigungsplanung nicht abgebildet werden kann.

Ein technischer Ansatz zur Beherrschung der beschriebenen Anforderungen ist der Einsatz rekonfigurierbarer Prozessmodule. Neben der bereits beschriebenen flexiblen Verkettung der Prozessmodule (Kap. 4) erfordert dieser Ansatz eine ebenso schnelle Anpassung der Montagetechnologie in den Technologieboxen.

Im Detail lassen sich die Anforderungen aus Abb. 6.1 an Robotersysteme für die Automobilproduktion ableiten:

* **Schnelle (Re-)Konfiguration bei minimalem Aufwand für die Inbetriebnahme**:
  Heutige Robotersysteme werden explizit für einen spezifischen Einsatzzweck mit vorab definiertem Flexibilitätsvorhalt geplant und installiert. Insbesondere bei der Planung, Inbetriebnahme und Integration in bereits bestehende Fertigungssysteme entstehen er-

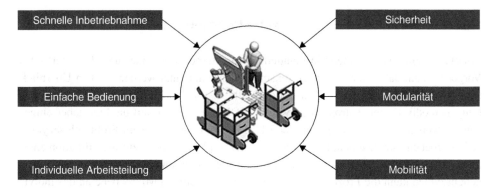

Abb. 6.1 Anforderungen an rekonfigurierbare Robotersysteme in der Automobilproduktion

hebliche Zeitaufwände. Zukünftige Robotersysteme müssen schnell und möglichst ohne manuelle Integrationsaufwände für einen Einsatzzweck konfigurierbar sein (Abb. 6.1).

- **Modularer Aufbau**: Heutige Robotersysteme sind monolithisch. Einmal integrierte Geräte und Systeme können nur unter hohem Aufwand in anderen Applikationen weiterverwendet werden. Zukünftige Robotersysteme müssen modular aufgebaut sein, um vorhandene Hardware erneut nutzen zu können.
- **Ortsflexibilität**: Heutige Robotersysteme sind in der Regel fest installiert. Die zu fertigenden Produkte müssen zum Roboter transportiert werden. Zukünftige Robotersysteme erfordern eine aktive oder passive Ortsflexibilität, um in kurzer Zeit dort eingesetzt werden zu können, wo sie real benötigt werden.
- **Einfache Bedienung und Parametrierung**: Zur Programmierung von Robotersystemen wird Expertenwissen benötigt. Zukünftige Robotersysteme müssen in kürzester Zeit durch Nicht-Experten angepasst werden können. Eine Parametrierung und Konfiguration ersetzt dabei das aufwendige Programmieren in Hochsprachen.
- **Individuelle Arbeitsteilung zwischen Mensch und Maschine**: In heutigen Robotersystemen sind Fertigungs- und Montageaufgaben festen Produktionsressourcen zugeteilt. Eine Interaktion und Kollaboration mit dem Menschen findet in den meisten Fällen nicht statt. Zukünftige Robotersysteme werden mit dem Menschen interagieren müssen. Arbeitsumfänge und Teilaufgaben werden dabei bedarfsgerecht, entsprechend Verfügbarkeit und technischer Fähigkeit, zwischen Mensch und Roboter aufgeteilt.
- **Sicherheit während Kollaboration und Interaktion**: Heutige Robotersysteme sind durch physische oder optische Sicherheitssysteme, vom Menschen getrennt. Zukünftige Robotersysteme müssen eine physische Interaktion und Kollaboration mit dem Menschen ermöglichen. Eine Trennung der Arbeitsräume aus Sicherheitsgründen ist aus genannten Gründen nicht mehr zeitgemäß.

Die genannten Aspekte sollen in den nachfolgenden Unterkapiteln – insbesondere für den Anwendungsfall der Mensch-Roboter-Kollaboration als ein Befähiger wandlungsfähiger, rekonfigurierbarer Montagesysteme – im Detail behandelt werden.

6.2   Entwurf und Planung hybrider Robotersysteme

Robotersysteme werden meist in manueller Projektarbeit konzipiert und detailliert. Das Vorgehen kann dabei durch Konzeptionsmethoden unterstützt werden – einen Überblick hierzu liefert Lotter [4]. Eine Konzeptionsmethode für den Entwurf stellt die Entwicklungsmethodik für mechatronische Systeme VDI 2206 [5] dar, auf die hier näher eingegangen werden soll. Das Vorgehen der VDI 2206 besteht aus einem Problemlösezyklus auf Mikroebene sowie einem Integrationsprozess auf Makroebene zur Identifikation einer möglichen Gesamtsystemlösung. Durch Aneinanderreihen und Verschachteln dieser Vorgehenszyklen kann die Prozessplanung auf einer kleinteiligen Mikroebene an das individuell vorliegende Montageproblem angepasst werden. Alternative Lösungsideen werden auf Grundlage der vorab definierten Situationsanalyse oder Zielformulierung gesucht.

Anhand des V-Modells der VDI 2206 kann das Vorgehen von den Anforderungen zu einem technischen Gesamtsystem dargestellt werden. Eine detaillierte Anforderungsliste (konkreter Entwicklungsauftrag) geht über in ein domänenübergreifendes Lösungskonzept (physikalische und logische Wirkweise), das die Gesamtfunktion in wesentliche Teilfunktionen zerlegt. Diesem können wiederum geeignete Wirkprinzipien zugeordnet werden. Das definierte Lösungskonzept wird in domänenspezifischen Entwürfen weiter konkretisiert und abgesichert, um die Funktionserfüllung sicherzustellen. Die einzelnen Domänen werden im Anschluss zu einem Montagegesamtsystem integriert.

Zur Planung hybrider, rekonfigurierbarer Robotersysteme wurde das beschriebene Vorgehen nach VDI 2206 in einem Softwaretool prototypisch implementiert. Im Fokus steht die Minimierung des menschlichen Planungsaufwands, die Unterstützung unerfahrener Montageplaner und somit eine Reduktion der Aufwände zur Auslegung und Rekonfiguration der Betriebsmittel in der MRK. Aufbauend auf einer Analyse der Produktinformationen der zu montierenden Buagruppe sowie den gegebenen Randbedingungen des Montagearbeitsplatzes kann eine Anforderungsliste in Form einer Prozessbedarfsliste erstellt werden. Diese gilt es in einem nachfolgenden Schritt hinsichtlich der technischen Befähigung für eine mögliche Automatisierung zu untersuchen. Nur so kann eine Aussage getroffen werden, ob sich die entsprechenden Montageumfänge in einer hybriden Automatisierung abbilden lassen.

Die Untersuchung des Automatisierungseignungsgrades orientiert sich am Vorgehen nach Spingler [6]. Arbeitsumfänge können entsprechend zugrunde liegender Produkt- und Prozesscharakteristika manueller Arbeitsschritte technisch klassifiziert werden. Hierzu werden Eigenschaften der Komponenten, wie die Oberflächenempfindlichkeit, das Vorhandensein von Greifflächen und Orientierungsmerkmalen oder die Eigensteifigkeit der Bauteile, in die Untersuchung einbezogen. Ebenso fließen Prozesseigenschaften, wie die Art der Bereitstellung am Arbeitsplatz, die erforderlichen Fertigungstoleranzen sowie Fügeverfahren und -technologien ein. Anhand dieser Bewertung kann ein Automatisierungseignungsgrad berechnet werden, der eine Aussage ermöglicht, ob die zu untersuchende Montageaufgabe in einer Automatisierung abbildbar wäre und wie hoch der relative Aufwand zur Implementierung ist.

Aufbauend auf diesem Wissen kann in einem nachfolgenden Schritt eine Zuweisung möglicher Betriebsmittel auf die jeweiligen Montageprozesse erfolgen [7]. Je nach Automatisierungseignungsgrad kann dabei der Mensch und/oder eine Automatisierungslösung eingesetzt werden. Auf Seiten der automatischen Betriebsmittel gilt es über den Vergleich der Anforderungen des Prozesses und der Leistungsmerkmale der Betriebsmittel adäquate technische Lösungen zu ermitteln. Grundsätzlich gilt gilt eine Übererfüllung der Prozessanforderungen (Over-Engineering) zu vermeiden und gleichzeitig eine passende, kostengünstige Ressourcenlösung zu identifizieren. Durch dieses Vorgehen kann für alle Montageprozesse eine Liste möglicher Ressourcen und eine Bewertung ihrer technischen Eignung für den spezifischen Montageumfang und das zugrundliegende Produkt ermittelt werden (Abb. 6.2).

Neben der bedarfsgerechten Auswahl der Betriebsmittel stellt die Arbeitsteilung zwischen Mensch und Roboter eine wichtige Herausforderung an die Ausgestaltung hybrider Montagesysteme. Mensch und Roboter sollen sich zu jeder Zeit in ihren Einzelarbeitsschritten ergänzen und nicht behindern. Im Falle einer Produkt- oder Technologieände-

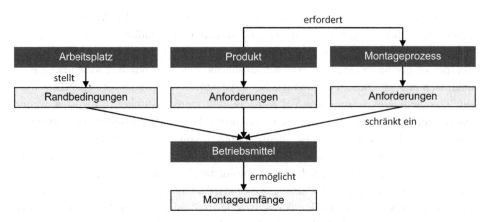

Abb. 6.2 Vorgehensmodell der Ressourcenallokation auf Prozesse

rung soll das Zusammenspiel beider Partner einen Mehrwert gewährleisten und teure Sondermaschinen mit aufwendigen technischen Einzellösungen vermeiden. Pauschal kann festgehalten werden, dass der Mensch vor allem dann einen Vorteil für die Montage erbringt, wenn Feinfühligkeit oder eine hohe Anpassungsfähigkeit an sich wandelnde Randbedingungen erforderlich sind. Roboter wiederum eignen sich insbesondere für qualitätskritische Schritte mit Dokumentationsaufwand, in Schritten mit einer hohen Anzhal an Wiederholungen oder bei hohen Anforderung an die Wiederholgenauigkeit [8].

Durch Optimierung der Ressourcenauswahl über die Arbeitsschritte einer Montagestation kann eine hohe Ausbringung bei gleichmäßiger Auslastung der Ressourcen Mensch und Roboter über den Montagezyklus erreicht werden. Mögliche Optimierungskriterien beziehen sich hier auf die Stetigkeit der Prozessschritte über die Ressourcen Mensch und Roboter, die Auslastung einzelner Betriebsmittel, die erzielbare Zykluszeit sowie die individuellen Kosten je Ressourcenpaarung [9].

Das Vorgehen soll am Praxisbeispiel der Türenvormontage aus Kap. 11 verdeutlicht werden. Der Aufwand der automatischen Positionierung und Referenzierung der biegeschlaffen Verbindung zwischen Schloss und Türinnenmodul bedingt einen niedrigen Automatisierungseignungsgrad des Teilprozesses. Von einer automatischen Lösung dieses Arbeitsschrittes wird Abstand genommen. Im Falle einer hybriden Lösung kann durch das Zusammenspiel aus den taktilen Fähigkeiten des Menschen und der hohen Präzision des Roboters eine (teil-)automatisierte Verschraubung realisiert werden. Die Schraubprozesse nach Fixierung der Türschlosskomponente durch die erste Schraube finden ohne weitere menschliche Interaktion statt. Hierdurch kann eine Parallelisierung von Prozessen und somit eine gesteigerte Produktivität ermöglicht werden. Die final verbleibenden Arbeitsinhalte werden so aufgeteilt, dass der Roboter zeitintensive und repetitive Tätigkeiten, wie zusätzliche Verschraubungen, übernimmt. Tätigkeiten, für die ein hoher Bedarf an Feinfühligkeit erforderlich ist, wie bspw. das Einsetzen des elastischen Grundkörpers des Türinnenmoduls, werden manuell ausgeführt. Eine Automatisierung ist hier aufgrund des niedrigen Automatisierungseignungsgrades nicht zielführend. Der Montageablauf über die unterschiedlichen Ressourcen kann Abb. 6.3 entnommen werden.

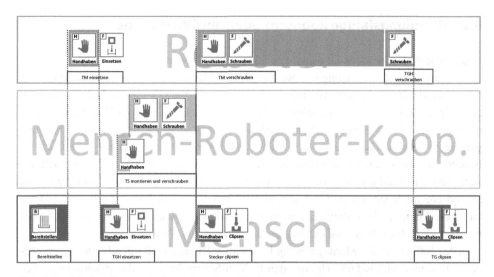

Abb. 6.3 Arbeitsteilung zwischen Mensch und Roboter in der Türmodulmontage

Sollten sich an dem beschriebenen Ablauf oder den verwendeten Technologien und Zykluszeiten Änderungen ergeben, so sind zwei Maßnahmen denkbar. Die erste Möglichkeit betrachtet eine erneute Optimierung der Arbeitsinhalte und Arbeitsteilung auf die bereits bestehenden Ressourcen der Arbeitsstation. Die zweite Möglichkeit sieht eine Rekonfiguration der Betriebsmittel vor, bei der durch eine neuerliche Zuordnung von Betriebsmitteln auf das geänderte Prozessspektrum eine Anpassung der Produktivität erreicht werden kann.

So entworfene hybride Montagearbeitsplätze haben wirtschaftliche Vorteile gegenüber klassischen, manuellen Montagearbeitsplätzen. Einerseits ist eine höhere Produktivität denkbar, da eine Parallelisierung von Prozessen möglich ist. Andererseits kann durch das Zusammenspiel von Mensch und Roboter eine Spezialisierung individueller Automatisierungskomponenten vermieden werden, was eine vereinfachte Anpassung an neue Prozesse und eine Wiederverwendung der Ressourcen ermöglicht [10]. Die Verschiebung der Granularität der Montage und Zuweisung der Ressourcen auf die Ebene der Funktionalität einzelner Montageprozesse, statt auf die Ebene kompletter Montageumfänge, ermöglicht somit eine schlankere Automatisierung.

Ein weiterer Vorteil der hybriden Montage kann in der Ausführung monotoner und dokumentationspflichtiger Tätigkeiten mittels Roboter gefunden werden. Ziel sollte es sein, Tätigkeiten mit einem erhöhten Fehlerpotenzial – bspw. bedingt durch Routine im manuellen Ablauf – an den Roboter auszulagern. So kann sichergestellt werden, dass die Prozessschritte auch tatsächlich in gleichbleibender Güte erledigt werden.

6.3   Wandlungsfähige Robotermodule und Werkzeuge

Generische Anforderungen an wandlungsfähige Montagesysteme werden in der Literatur [11] behandelt. Die Umsetzung und Realisierbarkeit der beschriebenen Anforderungen ist dabei von Montagesystem zu Montagesystem unterschiedlich. In diesem Unterkapitel soll der Schwerpunkt auf wandlungsfähigen Robotersystemen und deren Peripheriekomponenten liegen. Um den beschriebenen Rahmenbedingungen für die Automobilfertigung gerecht zu werden, müssen Robotersysteme modular aufgebaut sein und Systemcharakter besitzen, der im Idealfall durch mechanische, elektrische und softwaretechnische Schnittstellen erweitert und rekonfiguriert werden kann. Es gilt Automatisierungslösungen immer als System aus Systemen zu verstehen, welche beliebig miteinander kombiniert und bedarfsgerecht an die Anforderungen angepasst werden können. Ein solcher Entwurf einer mobilen Leichtbauroboterbasis kann Abb. 6.4 entnommen werden.

Jedes Teilsystem der Montagelösung kann entweder selbst oder durch eine übergeordnete Steuerung mittels OPC UA mit den Gelben Seiten der Produktion kommunizieren (siehe Kap. 5). Ebenso besitzt jedes Teilsystem eine Schnittstellen- und Selbstbeschreibung, die eine eindeutige Zuordnung der Kommunikation sowie eine Propagation der Fähigkeiten der Module ermöglicht.

Zur Gewährleistung der geforderten Mobilität ist der Roboter prototypisch auf einer mobilen Werkbank montiert. Die Werkbank bietet die Möglichkeit alle notwendigen

Abb. 6.4 Ortsflexible Leichtbauroboterplattformen für die Automobilendmontage

Grundelemente des Roboters zu integrieren, hierzu gehören bspw. Steuerschrank, betriebsbedingte Leuchtanzeigen, Taster und Bediengeräte. Ebenso können Peripherieele-
mente und Werkzeuge mit dem Roboter mitgeführt werden. Die Werkbank verfügt über
Rollen, die eine Manövrierfähigkeit der Werkbank auch ohne externe Hebemittel ermöglichen. Eine Hebelmechanik zum Ablassen fester Tischbeine garantiert den festen Stand
während des Roboterbetriebs.

An der mobilen Werkbank sind Halter für unterschiedliche Werkzeuge befestigt. Die
hybriden Werkzeuge sind dabei sowohl für den Menschen als auch für den Roboter nutzbar. Der Roboter selbst ist auf der Werkbank befestigt und kann sowohl auf der Arbeits-
platte selbst arbeiten, als auch über die Werkbank hinaus Arbeitsorte erreichen.

Der verwendete Leichtbauroboter verfügt über eine interne Kraft- und Momentensen-
sorik, die es ihm ermöglicht bei der Applikation entstehende Kräfte und Momente zu
messen und mittels Kraftregelung die Bewegungsbahnen entsprechend anzupassen [12].
Der Roboter ist darüber hinaus mit einem Werkzeugwechselsystem ausgestattet, um einen
schnellen Wechsel der Prozesswerkzeuge zu garantieren. Betriebsmedien wie Druckluft,
elektrische Leistung sowie erforderliche Datenschnittstellen werden über das Wechsel-
system übertragen.

Robotersysteme werden sich, wie bereits beschrieben, die Montageaufgaben mit dem
Menschen teilen, um im Montageszenario die Fähigkeiten von Mensch und Roboter im
Sinne einer optimalen Wertschöpfung bestmöglich zu kombinieren. Hierzu ist es notwen-
dig, die Arbeitsinhalte in kurzer Zeit vom Menschen auf den Roboter oder umgekehrt über-
tragen zu können. Dies bedingt, dass sowohl der Mensch als auch der Roboter die zur
Prozessausführung notwendigen Werkzeuge handhaben muss. Ein Vorhalten individueller
Produktionsressourcen für Mensch und Roboter wäre kostspielig und im Rahmen einer
schlanken und wandlungsfähigen Produktion nicht zielführend.

6.3.1 Schraubmodul

Im Rahmen des Projekts ForschFab wurde ein hybrides Schraubwerkzeug entwickelt, das
ohne Rekonfiguration sowohl durch den Menschen als auch durch den Roboter nutzbar ist.
Der Industrie-4.0-Schrauber der Firma Bosch-Rexroth [13] wurde für diesen Anwen-
dungszweck mit einer Werkzeugumhausung versehen, welche eine Anbindung an das
Werkzeugwechselsystem des Roboters integriert. Betriebsmedien können so zwischen
Schraubwerkzeug und Roboter ausgetauscht werden. Das externe Starten und Stoppen der
Schraubspindel erfolgt in der prototypischen Implementierung über einen integrierten
Hubzylinder, der über einen Bowdenzug den manuellen Trigger des Schraubers betätigt.
Eine manuelle Betätigung des Triggers wird dadurch nicht eingeschränkt. In dieser Aus-
baustufe können die manuellen Bedienmöglichkeiten des Schraubers beibehalten werden,
während gleichzeitig eine externe, automatische Ansteuerung möglich ist, sobald das
Werkzeug sich am Roboter befindet (Abb. 6.5).

Abb. 6.5 Applikationsbeispiel
des hybriden NEXO-
Schraubers an einem
Leichtbauroboter

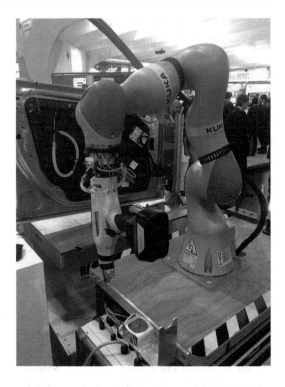

Die Absicherung der rotierenden Schraubspindel für den Fall einer möglichen Kollision mit dem Menschen erfolgt über eine arretierbare Hülse mit Freilauf, die die Spindel samt Schraube einhüllt und an der Werkzeugumhausung angebracht ist. Hierdurch kann die Auflagefläche der Schraubspitze bei Klemmung und Quetschung im Falle einer Frontal-Kollision des Menschen mit dem Roboter und Werkzeug vergrößert werden, um die zulässigen Flächenpressungen nach TS 15066 [14] einzuhalten. Die mechanische Schnittstelle zwischen Werkzeugumhausung und Hülse ist so gestaltet, dass ein Wechsel zwischen manuellem und automatischem Schrauberbetrieb in wenigen Sekunden durch einen Schiebe-Dreh-Mechanismus möglich ist.

Die steuerungstechnische Struktur des Schraubers mit integrierter SPS und Wifi-Funkmodul erlaubt die direkte Integration des Schraubsystems in die Gelben Seiten der Produktion (Kap. 5). Durch die Auslegung als eigenes cyber-physisches Produktionssystem kann der Schrauber ohne integrativen Aufwand im manuellen und hybriden Anwendungsszenario verwendet werden.

6.3.2 Greifmodul

Das sichere Greifen von Objekten während der Interaktion mit dem Menschen stellt einen wichtigen Punkt in der Einsatzplanung kollaborierender Roboter dar. Es muss ausgeschlossen werden, dass durch den Greifvorgang Gefährdungen für den Menschen entstehen. Am Markt verfügbare Greifer arbeiten meist mit einer eingebauten elektrischen Leistungsbegrenzung, sicheren Kraftsensoren oder mechanischen Sicherungsverfahren (bspw. sichere Rutschkupplung), die die Schließkraft der Backen auf ein sicheres Maß begrenzen. Diese kollaborativen Greifer haben den Nachteil, dass sie im Vergleich zu konventionellen Produkten für die nicht kollaborative Automatisierung, oft um ein vielfaches teurer in der Anschaffung sind und nur eine begrenzte Prozess- und Haltekraft zur Verfügung stellen. Diese reicht oftmals nicht aus, um die Anforderungen an Genauigkeit und Prozessstabilität der Handhabungsaufgabe zu erfüllen.

Der im Rahmen der ForschFab entwickelte Ansatz eines Greifmoduls für den hybriden Betrieb beruht auf der Verwendung am Markt verfügbarer Handhabungs- und Sensorikkomponenten, die in einer sicheren Konfiguration miteinander verschaltet werden, um einen pneumatischen Low-Cost-MRK-Greifer zu realisieren. Die Greifkraft ist in diesem Modell direkt proportional zum eingestellten Betriebsdruck der Pneumatik, was eine zweistufige Druckregelung erfordert. Eine Umschaltung zwischen einem sicheren Betriebsdruck zum Öffnen und Schließen der Backen und einem hohen, unsicheren Prozess- und Arbeitsdruck zum Halten der Objekte im Bearbeitungs- oder Montageprozess wurde hierfür implementiert. Das Greifsystem im einsatz am Leichtbauroboter kann in Abb. 6.6 betrachtet werden.

Die Überprüfung des gegriffenen Gegenstandes und die Freigabe des hohen Druckniveaus für das prozesssichere Greifen erfolgt über die Messung des elektrischen Widerstands über die Greifbacken und das gegriffene Werkstück. Sichere Temperatursensoren aus der Anlagen- und Prozesstechnik können für die beschriebene Impedanzmessung der Greifbacken und des Werkstücks herangezogen werden. Anhand der Impedanzmessung kann eine Aussage getroffen werden, ob sich zwischen den beiden Greifbacken ein metallisches Bauteil (sehr kleine Impedanz) oder ein anderes, nicht metallisches Material (höhere Impedanz) befindet. Sollte diese Zuordnung nicht eindeutig möglich sein, so fällt das System immer in den sicheren Zustand des begrenzten Drucks zurück oder öffnet den Greifer. Ein manuelles Aufschieben der Greiferfinger ist im geringen Druckniveau zu jeder Zeit problemlos möglich. Zur Absicherung eventueller Kollisionsfolgen des Roboters und Greifers mit dem Menschen wurde das Äußere des Greifers mit einer Schutzhülle abgedeckt, die mögliche scharfe Kanten und Ecken abrundet.

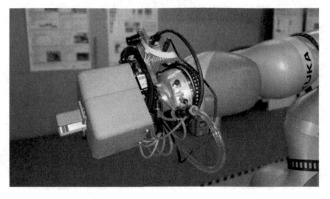

Abb. 6.6 Sicherer pneumatischer Greifer mit zwei Betriebsmodi zum Schließen entsprechend Maschinensicherheitsnormen und prozesssicheren Greifen entsprechend Prozessanforderungen

6.4 Intuitive Roboterprogrammierung

Die Programmierung und Inbetriebnahme von Robotersystemen erfordert heutzutage meist
ein hohes Maß an Expertenwissen und Erfahrung. Grund hierfür ist die Nutzung individueller Programmiersprachen zur Bewegungskonfiguration und Ablaufsteuerung des Roboters,
die in Art und Syntax Hochsprachen in der Computerprogrammierung ähneln. Dieses Vorgehen ist bei den aktuell langen Produktlebenszyklen in der Automobilindustrie und den
damit einhergehenden seltenen Programmänderungen der Robotersysteme tragfähig, aber
nicht ideal. Wie eingangs beschrieben, kann davon ausgegangen werden, dass Robotersysteme deutlich häufiger neu programmiert werden müssen, um Produktionsabläufe zu über-
arbeiten oder neue Automatisierungstechnologien einzubinden. Eine Rekonfiguration durch
externe Spezialisten ist daher nicht zielführend.

Der Werker am Band, welcher direkt am Montageprozess beteiligt ist und die Schwach-
stellen der Montageabläufe kennt, soll aus diesem Grund befähigt werden, eigenständig
Parametrierungen und einfache Bewegungsprogrammierungen am Roboter durchzuführen. Das Ziel ist eine Verringerung des Nacharbeitsbedarfs und des Aufwands für Inbetriebnahme und Instandhaltung, da eine direkte Fehlerbehebung und Nacharbeit im Robo-
terprogramm ermöglicht wird.

Diese Vorgaben erfordern neue Wege der Roboterprogrammierung, die es erlauben den Roboter auf einem hohen Abstraktionsniveau zu programmieren. Als Referenz dient die Bedienung
einer Website. Am Fraunhofer IPA wurde hierzu die fähigkeitsbasierte Programmierumgebung
drag&bot [15] entwickelt. drag&bot erlaubt die einfache Parametrierung vordefinierter Funkti-
onsblöcke von Bewegungs- und Fertigungsabläufen des Roboters über die graphische Anordnung einfacher Aktionsprimitive. So kann eine einfache Handhabungsaufgabe aus den Aktions-

Abb. 6.7 Benutzeroberfläche der graphischen Roboterprogrammierumgebung drag&bot

primitiven „Bewegen + Greifen + Bewegen + Ablegen" aufgebaut werden. Die Aktionsprimitive kapseln dabei die Komplexität der darunterliegenden Aufgaben und Programmierschnittstellen, wie etwa die Ansteuerung der Greiferschnittstelle und die Abfrage der Sensoren (Abb. 6.7).

Beim Einfügen der Aktionsprimitive überprüft das Programmiersystem, ob alle zur Ausführung des Primitivs notwendigen Informationen (Parameter) vorhanden sind. Sollte dies nicht der Fall sein, startet die Programmierumgebung einen sogenannten „Wizard", der die Parametrierung der fehlenden Informationen ermöglicht. So muss z. B. beim Einfügen des Befehls „Greifen" die Greifkraft oder die Greifposition sowie die Geschwindigkeit der Greifbacken definiert werden. Eine Unterstützung der Eingabe der Parameter erfolgt über das Vormachen der Aufgabe, das Einlesen von CAD-Daten oder über die Nutzung zusätzlicher Sensorik, wie etwa einer Kamera am Roboter.

Die vereinfachte Programmierumgebung kann ersten Untersuchungen zufolge die Programmierzeiten erheblich reduzieren. Dies macht sich insbesondere bei Menschen mit geringen Vorkenntnissen in der Roboterprogrammierung bemerkbar. Bei geübten Roboterprogrammierern ist der Zeitvorteil hingegen nicht so stark ausgeprägt.

6.5 Zusammenfassung

Die erforderliche Wandlungsfähigkeit von Produktionsmodulen für die Montage ohne Band und Takt stellt eine große Herausforderung in der Ausgestaltung und Planung von Montagesystemen dar. Durch den Einsatz kollaborierender Robotik im Zusammenspiel mit manueller Arbeit können große Umfänge des Montagespektrums flexibel mit einem gleitenden Automatisierungsgrad automatisiert werden. Die Wiederverwendbarkeit der modularen Robotersysteme ermöglicht darüber hinaus eine Rekonfiguration und Weiterverwendung der (Teil-)Systeme in nachfolgenden Produkt- und Modellgenerationen. Es findet somit eine Entkopplung der Betriebsmittel verwendung und Produktgenerationen statt.

Die Planung dieser hybriden Montagesysteme stellt eine große Herausforderung für produzierende Unternehmen dar. Insbesondere unter der Annahme schneller werdender Innovations- und Produktlebenszyklen gilt es, den bisher hohen manuellen Aufwand in der Systemausgestaltung zu minimieren und Systeme automatisch an die bestehenden Randbedingungen anzupassen und entsprechend des zugrundeliegenden Anwendungsfalls zu optimieren.

Der Einsatz hybrider Werkzeuge in der Montage bietet darüberhinaus das Potenzial zur schnelleren Rekonfiguration der Produktionsmodule. Eine Vorhaltung doppelter Werkzeuge für den manuellen, wie auch automatischen Anwendungsfall, wird vermieden und eine schnelle Inbetriebnahme ermöglicht. Im Zusammenspiel mit der graphischen Benutzeroberfläche zur Parametrierung von Robotersystemen und Peripheriekomponenten kann die Komplexität und das Anforderungsprofil des Mitarbeiters für den Betrieb von Roboteranlagen in der Produktion gesenkt werden. Der so gewonnene Freiraum kann dafür genutzt werden, den Werker auf Fertigungsebene zur Überwachung, Steuerung und kontinuierlichen Verbesserung seiner Systeme einzusetzen. Dieser Ansatzpunkt stellt ein Fokusthema der Produktionsforschung in der zweiten Phase der ARENA2036 dar. Die Produktion soll nicht mehr rein technisch wandlungsfähig sein, sondern innerhalb weniger Tage durch den Menschen in der Produktion, ohne explizites Expertenwissen, an geänderte Rahmenbedingungen angepasst werden können.

Literatur

1. IFR (2016) World robotics report 2016: European Union occupies top position in the global automation race. Frankfurt
2. Bartscher S (2010) Mensch-Roboter-Kooperation in der Produktion. In: Münchener Kolloquium – Innovationen für die Produktion: Produktionskongress; [Tagungsband]. Utz, München, S 33–40
3. Koren Y (2010) The global manufacturing revolution: product-process-business integration and reconfigurable systems. Wiley, Hoboken
4. Lotter B, Wiendahl H-P (2012) Montage in der industriellen Produktion. Springer, Berlin/Heidelberg
5. VDI Verband deutscher Ingenieure (2004) Entwicklungsmethodik für mechatronische Systeme. VDI, Düsseldorf 03.100.40; 31.220. https://www.vdi.de/technik/fachthemen/produkt-und-prozessgestaltung/fachbereiche/produktentwicklung-und-mechatronik/themen/rilis-mechatronische-systeme/richtlinie-vdi-2206-entwicklungsmethodik-fuer-mechatronische-systeme/. Zugegriffen am 23.08.2018
6. Spingler J, Beumelburg K (2002) Automatisierungspotenzial-Analyse: eine Methode zur technischen und wirtschaftlichen Klassifizierung von Automatisierungspotentialen. wt Werkstattstechnik online 92:62–64
7. Fechter M, Seeber C, Chen S (2018) Integrated process planning and resource allocation for collaborative robot workplace design. Procedia CIRP 72:39–44. https://doi.org/10.1016/j.procir.2018.03.179
8. Tsarouchi P, Makris S, Chryssolouris G (2016) Human – robot interaction review and challenges on task planning and programming. Int J Comput Integr Manuf 29:916–931. https://doi.org/10.1080/0951192X.2015.1130251
9. Fechter M, Keller R, Chen S, Seeber C (2019) Heuristic search based design of hybrid, collaborative assembly systems. In: Advances in production research. Springer International Publishing, Cham, S 188–197
10. Naumann M, Fechter M (2015) Robots as enablers for changeability in assembly applications. In: Bargende M, Reuss H-C, Wiedemann J (Hrsg) 15. Internationales Stuttgarter Symposium: Automobil- und Motorentechnik. Springer Vieweg, Wiesbaden, S 1155–1171
11. Nyhuis P (Hrsg) (2010) Wandlungsfähige Produktionssysteme. GITO, Berlin
12. KUKA AG (2019) Leichtbauroboter LBR iiwa. https://www.kuka.com/de-de/produkte-leistungen/robotersysteme/industrieroboter/lbr-iiwa
13. Bosch Rexroth GmbH (2019) Akkuschrauber Nexo: Der intelligenteste Handschrauber der Welt. https://www.boschrexroth.com/de/de/produkte/produktneuheiten/elektrische-antriebe-und-steuerungen/nexo-1
14. ISO International Standards Organisation (2016) ISO/TS 15066:2016 robots and robotic devices – collaborative robots. Beuth, Berlin 25.040.030. Zugegriffen am 01.11.2018
15. drag and bot GmbH (2018) Industrieroboter wie ein Smartphone nutzen: drag&bot ist eine intuitive webbasierte Software zur einfachen Einrichtung, Programmierung und Bedienung von Industrierobotern. https://www.dragandbot.com/de/. Zugegriffen am 28.11.2018

FTF als universelle, wandlungsfähige Mittel zur Verkettung der zukünftigen Automobilfertigung

Philip Kirmse und Ralf Bär

Zusammenfassung

Das Aufbrechen von starren Verkettungsstrukturen im Automobilbereich erfordert insbesondere beim Transport des Materials und der Werkstücke durch die einzelnen Arbeitsschritte neue Konzepte in der Fördertechnik, um die Wandlungsfähigkeit durch Modularisierung und Entkopplung zu gewährleisten. Unter Anwendung des in Verbundprojekt entwickelten Wandlungsfähigkeitstool wurde die bestehenden bekannten Fördermittel auf Ihre Wandlungsfähigkeit hin untersucht. Am Beispiel heute schon flexibler Fördermittel, wie fahrerlosen Transportsystemen wurde gezeigt, wie man diese weiterentwickeln kann, um den individuellen Grad der Wandlungsfähigkeit zu erhöhen. Dabei ist ein Demonstrator entstanden, welcher ein wandelbares Produktionsfördersystem darstellt.

7.1 Einleitung

Das in heutigen Automobilproduktionen vorherrschende Produktionssystem einer Linienfertigung ist in den intralogistischen Prozessen und in den hierzu notwendigen Fördermitteln effizient für Produkte mit geringer Variantenvielfalt und gleichbleibenden Stückzahlen gestaltet. Die Verkettung von Stationen, Prozessmodulen und Produktionsbereichen (Logistik, Montage, Warenausgang) erfolgt bei steigendem Automatisierungsgrad meist durch starre Strukturen (Rollenbahnen, Schubplatten, Hebern, Hängebahnen usw.). Diese unflexiblen Verkettungstechniken wurden für bisherige Produktionssysteme gewählt, da durch

P. Kirmse (✉) · R. Bär
Bär Automation GmbH, Gemmingen, Deutschland
E-Mail: philip.kirmse@baer-automation.de

© Springer-Verlag GmbH Deutschland, ein Teil von Springer Nature 2020
T. Bauernhansl et al. (Hrsg.), *Entwicklung, Aufbau und Demonstration einer wandlungsfähigen (Fahrzeug-) Forschungsproduktion*, ARENA2036,
https://doi.org/10.1007/978-3-662-60491-5_7

die Einschränkung der Freiheitsgrade des Fördermittels die Komplexität der Systeme reduziert und somit die Automatisierbarkeit erhöht werden konnte.

Solche Systeme sind technologisch robust und einfach zu handhaben. Dennoch bergen
diese linearen, fest verketteten Fördermittel Risiken. Störungen können in verketteten An-
lagenbereiche bis zum nächsten Entkopplungspunkt des Förderprozesses und je nach Größe
des Entkopplungspuffers und der Ausfallschwere erheblichen Schaden im ganzen Produktionsablauf anrichten. Die heute in der Automobilproduktion verbreiteten Fördermittel zur
Verkettung und Bereitstellung des Materials haben den Nachteil, dass bei steigender Komplexität im Materialfluss die Anzahl der Quellen- und Senken-Beziehungen ansteigt. Eine
Verkettung mit klassischen Fördersystemen ist daher nicht nur aufgrund steigender Kosten,
sondern auch aus technischen Gründen nicht mehr einfach zu realisieren.

Klassische Fördersysteme belegen in Fabriken sehr viel Platz. Aufgrund der potenziel-
len Unfallgefahren sind die Systeme für Personen in manuellen Prozessbereichen unzu-
gänglich. Eine Automatisierung dieser Prozesse war in der Vergangenheit aus technischer
und wirtschaftlicher Sicht nur mit modularen Fördersystemen (z. B. Fahrerlose Transportsysteme, Hängebahnen) möglich. Diese brachten Einsparungen in der Realisierung der
Anlagen und ließen aufgrund ihrer Modularität und einfachen Führung (z. B. Leitdraht im
Boden) eine Mischnutzung für Prozesse des Materialflusses zu.

Aufgrund der in der Planung meist starr angesehenen Materialflussprozesse und den
damit verbundenen Senken-Quellen-Beziehungen sind die technischen Realisierungen in
vielen Fällen starr ausgeführt und eine betriebsbedingte Änderung ist in ihrer Ausführung
aufwendig. Eine Änderung wird meist durch eigene Experten oder externe Fachfirmen
ausgeführt, welche sich bei jeder Änderung in die umzubauende Anlage einarbeiten müssen. Externe Fachkräfte, welche die technischen Änderungslösungen erarbeiten, machen
dies nur anhand der Vorgaben der Planer und Lastenhefte. Fehlende ganzheitliche Prozess-
kenntnisse und Kenntnisse der Zusammenhänge der Produktion des Kunden führen zu
einer meist ineffizienten Lösung im Hinblick auf weitere Änderungen. Wiederanläufe
nach einer Änderung des Prozesses sind risikobehaftet, was die Kosten bei einer Prozess-
änderung der automatisierten Anlage zusätzlich erhöht. Aufgrund der vielen Schnittstellen
zwischen den Betreibern, Planern und ausführenden Fremdfirmen ist ein Umbauprozess
aufwendig und somit meist nicht wirtschaftlich.

Es ist abzusehen, dass sich Produktionssysteme in der Automobilproduktion aufgrund
externer Treiber zukünftig so verändern lassen müssen, dass eine schnelle Anpassung der
Prozesse an die neuen Anforderungen effizient möglich ist [1] (Abb. 7.1).

Simulationen anhand realer Modelle einer Automobilproduktion in der Logistik und
der Montage zeigen Steigerungen in der Nutzung der verfügbaren Arbeitskapazität von bis
zu 12 % auf, was bei steigender Variantenvielfalt noch weiter zunehmen wird [1, 2].

Hierzu ist eine Weiterentwicklung der eingesetzten Technologien notwendig. Aus diesem
Grund wird sich dieser Beitrag explizit mit den Anforderungen an die notwendige Fördermit-
teltechnologie befassen. Um eine schnelle Anpassung des automatisierten Materialflusses in
Zukunft zu ermöglichen, müssen die zukünftig eingesetzten Fördermitteltechnologien Eigenschaften einer hohen Wandlungsfähigkeit aufweisen. Um diese bestimmen zu können, wurden
im Projekt ARENA2036 zunächst die in der Automobilproduktion vorkommenden Transport-

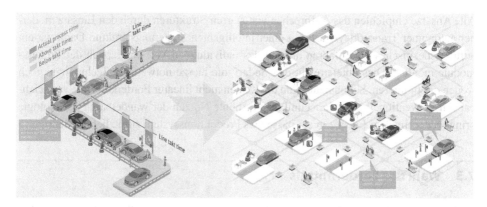

Abb. 7.1 Transformation zur flexiblen Zellfertigung (Flexible Cell Manufacturing) [1]

prozesse und die darin eingesetzten Fördermittel analysiert. Im folgenden Verlauf wurden die Eigenschaften der bestehenden Technologien im Hinblick auf ihre Wandlungsfähigkeit mit den in der ARENA2036 entwickelten Tools zur Bewertung der Wandlungsfähigkeit untersucht.

Die Ergebnisse wurden auf die technologische Gestaltung heruntergebrochen und Handlungsfelder der Weiterentwicklung der Technologien zur Optimierung der Wandlungsbefähiger definiert. Im Projekt neu entstandene Fördermittelkonzepte wurden in die Betrachtung mit aufgenommen. Das daraus entstandene Ziel- und Visionsbild für die Gestaltung zukünftiger Fördermittelsysteme in einer wandelbaren Produktion wurde im Verlauf des Projekts als physischer Demonstrator umgesetzt und realisiert.

7.2 Allgemeine Entwicklung und Trends im Bereich wandelbarer Fördertechnik und produktionsnaher Logistik

Parallel zum Verbundprojekt wurden weitere Konzepte außerhalb der ARENA2036 entwickelt. Das Konzept des Matrix-Rohbaus vom Roboterhersteller und Systemintegrator KUKA AG überträgt die Idee der Flexibilisierung und Modularisierung mit loser Verkettung von Technologieinseln zur Stärkung der Wandelbarkeit in den Rohbau der Automobilindustrie [7].

Für das Konzept der Modularisierung in der Montage wurde die Schwarmmontage vom Ingenieursdienstleister Ingenics [8] und die flexible Zellfertigung vom Beratungsbüro Boston Consulting Group [1] jeweils auf reale Fahrzeug- und Produktionsumfänge angewendet. Die folgenden Aussagen beziehen sich auf Simulationen und sagen aus, dass insbesondere bei steigender Variantenvielfalt

- eine maximale Auslastung von Arbeitsstationen ermöglicht wird (Steigerung bis 12 % zur herkömmlichen Linie [1]),
- die Anzahl der Montagestationen dabei nicht steigt,
- die Durchlaufzeit von Fahrzeugen mit geringerer Ausstattung sich erheblich reduziert [8].

Alle Ansätze empfehlen das Aufbrechen von starren Strukturen durch den Einsatz moderner autonomer Transportsysteme mit einer intelligenten Steuerungsstruktur. Damit ist ein auftragsspezifisches Durchfahren anhand des individuellen Vorranggraphen der Prozessmodule möglich. Dies unterstreicht den Bedarf, die hierzu notwendige Technologie noch weiter zu optimieren. Schon heute sind die Kosten nicht linearer Förderkonzepte vergleichbar mit konventioneller Fördertechnik. Der erhöhte Nutzen der wandelbaren Technologie bringt bei optimalem Einsatz in ein passendes Produktionssystem zusätzlichen Mehrwert.

7.3 Wahl des Fördermittels

In der heutigen Automobilproduktion ist ein Mischsystem manueller und automatischer Fördermittelsysteme aufgebaut. Meist kommen automatische Systeme dort zum Einsatz, wo die Prozesse (Quellen-Senken-Beziehungen) starr planbar sind und sich aufgrund der Komplexität, des Durchsatzes (notwendiger Personaleinsatz) und der Rahmenbedingungen die technologische Investition in automatische Systeme schnell rechnet.

7.3.1 Fördermittel in der Automobilmontage

Bei der Untersuchung heutiger Materialflussprozesse, insbesondere in der produktionsnahen Logistik, fällt auf, dass die technische Wandlungsfähigkeit aufgrund der hohen Flexibilität des Menschen bei manuellen Verkettungen am größten ist. Aufgrund der hohen variablen Kosten für manuelle Arbeit im Vergleich zu einmal anfallenden Fixkosten durch eine Investition in automatisierte Fördermittelsysteme hemmen die Kosten für automatisierten Materialfluss entweder die Gestaltung wandelbarer Produktionen oder schränken die Freiheit in der Planung wandelbarer Produktionssysteme ein. Eine Reduktion des Materialtransports als eine der sieben bekannten Verschwendungsarten [3] der Produktion ist anzustreben, würde aber die Prozessplanung der Montage in teilweise unauflösbare Konflikte in der Materialbereitstellung (für die auch Transporte erforderlich sind) setzen.

Aus diesem Grund hat man sich im Forschungsprojekt ARENA2036 ForschFab darauf verständigt, Fördermitteltechnologien mit den Prämissen einer möglichst hohen Wandelbarkeit und Automatisierbarkeit zu untersuchen.

In klassischen fischgrätenförmigen Linienkonzepten in der Automobilproduktion sind folgende Fördermittel Stand der Technik:

- Karosserie Vormontage/Innenausbau: Rollenbahnen mit Skid als Hilfsmittel, Schubplattformen mit und ohne Hubfunktion, Kettenförderer, Elektrohängebahnen (EHB)
- Karosserie Unterbodenmontage: Elektrohängebahnen mit Schwenkeinrichtung, Schubplattformen mit Schwenkeinrichtung

- Antriebsstrang Vormontage: Elektrohängebahnen mit Kettenlift, Skidplattformen auf Rollenbahn, schienengeführte Systeme, fahrerlose Transportsysteme (meist induktiv geführt), Schubplattformen
- Vormontagen für Module (z. B. Türen, Cockpits, Frond-End, Rear-End, Sitze): Einhängeschienenbahnen, fahrerlose Transportsysteme, schienengeführte Systeme, manuell geschobene Förderhilfsmittel
- Zuführlogistik aus den Vormontagen: Meist über das Fördermittel der Vormontage, Gabelstapler, manuelle Zuführung mit Förderhilfsmittel, Routenzugsysteme, fahrerlose Transportsysteme
- Materiallogistik: Routenzüge, Gabelstapler, fahrerlose Transportsysteme, manuelle Förderhilfsmittel

7.3.2 Untersuchung der Wandlungsfähigkeit bestehender Fördermittelsysteme

Manuelle Förderprozesse wurden im Folgenden zur Vereinfachung der Betrachtung ausgenommen, da diese gemäß den nachfolgenden Schaubildern aufgrund ihrer modularen Gestaltung und der hohen Anpassungsfähigkeit des Menschen schon heute in allen Wandlungsparametern einen hohen Wert erreichen. Die Einschränkung der reduzierten Leistung manueller Förderprozesse durch hohe Anlernaufwände bei sich wechselnden Prozessabläufen kann mit Assistenzsystemen entgegengewirkt werden.

Bisher existierende, automatisierte Fördermittelsysteme wurden im Hinblick auf ihrer Wandelbarkeit mit dem im Projekt ARENA2036 ForschFab entwickelten Wandlungsfähigkeitsbewertungstool zum aktuellen Stand der Technik untersucht (Siehe Abschn. 0). Hierzu wurden, neben den in den folgenden Schaubildern erstellten Diagrammen, die Vor- und Nachteile in Bezug auf die einzelnen Wandlungsbefähiger für die Einzeltechnologien ermittelt (Abb. 7.2).

Die Schaubilder zeigen, dass insbesondere modular gestaltete Fördermittel wie fahrerlose Transportsysteme (FTS) heute schon einen hohen Wert der Wandlungsfähigkeit erreichen.

7.3.3 Handlungsfelder zur Optimierung der Wandlungsfähigkeit der definierten Fördermittel

Aktuelle Fördersysteme wurden meist nicht unter der Prämisse der Wandlungsfähigkeit entworfen. Die wandlungsfähigsten Systeme basieren auf einer hohen Standardisierung, um eine schnelle Inbetriebnahme und daraus resultierend einen kurzen ressourcenschonenden Umbau zu ermöglichen. Dennoch werden diese Systeme in der Planung nur für einen vorab definierten Betriebspunkt ausgelegt und sind selten für einen späteren Umbau vorbereitet. Dabei könnte man diese unter der Prämisse des späteren Wandels bereits initial wandlungsfähig gestalten, auslegen und planen. Im Folgenden sind die aus der ARENA2036 zusammengefassten Ergebnisse und Beispiele aufgeführt:

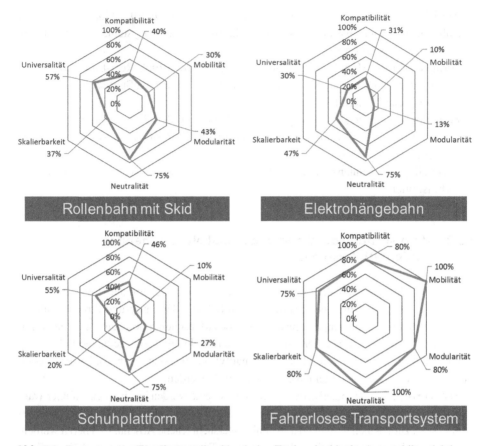

Abb. 7.2 Bewertung der Wandlungstreiber klassischer Fördermittel in der Automobilproduktion

Rollenbahnen, Schubplattformen, Kettenförderer

- Optimierung der Mobilität der Module zum Transport mit klassischen Fördermitteln, wie Gabelstapler, beim Umbau
- Einfache Plug&Play-Konnektivität der einzelnen Module (mechanisch und elektrisch)
- Intelligentes Steuerungssystem mit automatischer Erkennung der Systemzusammenstellung, sodass automatisch Fördertechnikkarten entstehen. Die Programmierung des Systems entfällt.
- Dezentralisierung der Steuerung jedes Segments durch intelligente Werkstücke und intelligente Weichen, Heber und Kreuzungen
- Automatische Routenbildung anhand des Vorranggraphen auf dem Werkstück
- Standardisierte Schnittstellen, sodass die Prozesssteuerung einer Station oder eines Prozessmoduls das in der Station befindliche Segment steuert
- Intuitive Anpassung und Konfiguration, sodass ohne Expertenwissen eine neue Zusammenstellung der Systeme möglich ist
- Variantenvielfalt kann über Werkstückträger abgebildet werden, welche anhand der Prämissen des Wandlungskorridors ebenfalls manuell anpassbar sind

Schienensysteme mit modularen Einzelfahrzeugen (Boden und aufgehängt (z. B. EHB))

- Optimierung der Mobilität der Module zum Transport mit klassischen Fördermitteln, wie Gabelstapler, beim Umbau
- Einfache Plug&Play-Konnektivität der einzelnen Module (mechanisch und elektrisch)
- Intelligentes Steuerungssystem mit automatischer Erkennung der Systemzusammenstellung, sodass automatisch Fördertechnikkarten entstehen – eine Programmierung des Systems entfällt.
- Dezentralisierung der Steuerung auf jedes Einzelfahrzeug durch intelligente Werkstücke und statusorientierte Steuerung an den Entscheidungspositionen
- Automatische Routenbildung anhand des Vorranggraphen auf dem Werkstück
- Standardisierte Schnittstellen, sodass die Prozesssteuerung einer Station oder eines Prozessmoduls das in der Station befindliche Segment steuert
- Intuitive Anpassung und Konfiguration, sodass ohne Expertenwissen eine neue Zusammenstellung der Systeme möglich ist
- Variantenvielfalt kann über Werkstückträger abgebildet werden, welche anhand der Prämissen des Wandlungskorridors ebenfalls manuell anpassbar sind
- Einfaches Regelwerk der Zusammenstellung, um Maschinensicherheit zu gewährleisten
- Einfache Parametrierung der Steuerung und der Anlage durch intuitive Eingabemöglichkeit (HMI)

Bodenorientierte, automatisierte Individualtransportsysteme

Hierzu gehören fahrerlose Transportsysteme wie auch automatisierte Stapler und Flurförderfahrzeuge. Untersuchungen und Befragungen von Experten haben ergeben, dass bei konsequenter Reduktion der Wandlungshemmnisse diese Systeme in Zukunft eine wichtige Rolle spielen werden. Dabei wurden bei aktuellem Stand der Technik folgende Maßnahmen definiert:

- Einfache Inbetriebnahme der Systeme. Heute sind für die Planung, Einrichtung oder Änderung von Systemen vor allem Experten in der Softwareprogrammierung und Konfiguration von FTS notwendig. Um die Einrichtung und die Wandelbarkeit zu erhöhen, muss die Mensch-Maschinen-Schnittstelle eine intuitive Bedienung gewährleisten, um die Komplexität reduzieren zu können.
- Navigation: Heutige Navigationssysteme sind meist durch feste Abläufe gekennzeichnet. Sobald sich eine Station lokal verschiebt, zieht dies in Einrichtung, Test und Hochlaufphase einen hohen Bedarf an Expertentätigkeiten nach sich. Zukünftige Systeme müssen so gestaltet sein, dass die Systeme durch reine Zielvorgaben autonom in die Zielregion navigieren können, dort automatisiert ihre finale Position eigenständig ermitteln und die Feinpositionierung relativ zur Zielposition erfolgt. Dennoch muss das System geeignet sein, den Bewegungsraum des Transportsystems auf Regionen, Zonen oder Fahrstrecken einzuschränken, ohne dass hier Expertenwissen notwendig ist.

- Orchestrierung des Systems: Große Systeme mit einem hohen Durchsatz werden schnell komplex. Dieser Komplexität kann im Bereich der Transportsysteme durch Modularisierung entgegengewirkt werden. Ganzheitliche Applikationsbeschreibungen auf zentralen Systemen machen das System bei Änderungen unflexibel. Vielmehr muss die zentrale Verwaltung der Fahrzeuge modular aufgebaut werden, sodass Funktionen mit einfachen Schnittstellen getrennt werden können und je nach Applikation bedarfsorientiert Verwendung finden. Dabei muss auch zwischen globalen, FTF-individuellen und stationsbezogenen Funktionen unterschieden werden. Diese lassen sich wie folgt definieren:
- Globale Funktionen:
  - Auftragsverwaltung und Auftragszuteilung
  - Traffic- und Kreuzungsmanagement inklusive globaler Verwaltung der Verkehrsregeln
  - globale, gemeinsam aktualisierte Navigationskarten
  - globale, live aktualisierte Kostenkarten
  - zentrale Anlagenvisualisierung
  - Servicefunktionen
  - Analysetools
  - Verwaltung von globalen Parametern, Verwaltung virtueller Abbilder individueller Transporteinheiten (Parameter, Status, Analyse)
  - globale Sicherheitsfunktionen (z. B. Schnittstellenverwaltung, sichere Abstandshaltung, statusorientierte Fahrfreigaben etc.)
- FTF-individuelle Funktionen:
  - Fahrzeugregelung
  - Navigationsregelung
  - Energiemanagement
  - lokale Sicherheitsfunktionen
  - Routenbildung anhand globaler Kosten- und Karteninformationen, Maschinenparameter oder manuell gesteuerte Handhabung
  - Datenmitführung
  - Positionierfunktion
- Stations- oder ortsgebundene Funktionen:
  - Stationsparameter
  - Vorgaben des Ablaufprogramms bei der Prozessintegration
  - Taktzeitabsicherung
  - Ein- und Ausfahrfreigabe, Zielsteuerung
  - Werkerassistenz und Werkerinformation

Raumorientierte, automatisierte Individualtransportsysteme (z. B. Drohnen):
- Vergleichbar zu den Prämissen für fahrerlose Transportsysteme mit Ergänzung der zusätzlichen Freiheitsgrade in der Vertikalen.

Für alle Systeme ist eine Kostenoptimierung anzustreben, die sich in der Funktion am Wandlungskorridor orientiert und im besten Fall eine maximale Funktionstrennung ermöglicht. Sofern eine Funktionstrennung durch individuelle Systeme nicht möglich ist oder Abhängigkeiten bestehen, muss die Funktion dort untergebracht werden, wo sie die häufigste Anwendung und den optimalen Kosten-Nutzen-Faktor aufweist. Dabei wird es nicht Ziel sein, eine universelle Lösung für alle Anwendungsfälle zu finden. Es ist vielmehr erforderlich, für das Produktionssystem den Wandlungskorridor optimal zu wählen und darauf aufbauend die Technologien auszuwählen und zu entwickeln.

7.4 Untersuchung der auf Wandlungsfähigkeit optimierten Fördermittel

Es wurden exemplarisch die fahrerlosen Transportsysteme weiter betrachtet, da diese aufgrund ihrer modularen Architektur besonders für die Anforderungen des One-Piece-Flows geeignet sind. Das untersuchte System ist für den Transport großer Bauteile, wie dem Bodenmodul aus dem Schwesterprojekt *LeiFu,* oder einer kompletten Karosserie im Endmontagebereich geeignet. In klassischen Produktionen erfolgt dieser Transport meist durch unflexible starre Systeme, wie Skid-Förderer, Schubplattformen oder Elektrohängebahnen. Hierfür wurde gemäß einer Bedarfsanalyse ein Serienfahrzeug der Firma Bär Automation GmbH gewählt und im Zuge des Forschungsprojekts ein Zielbild für einen wandelbaren Demonstrator entwickelt (Abb. 7.3).

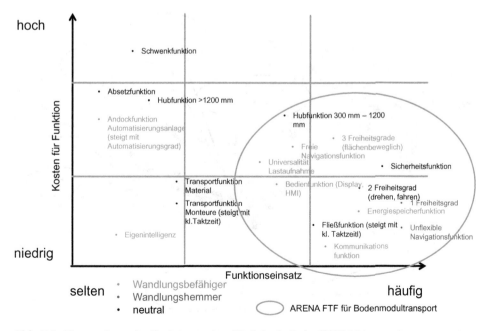

Abb. 7.3 Untersuchung der Funktionen einer Fördertechnik der PKW-Montage

Das eingesetzte FTF ist in der Lage, ohne feste Merkmale zu navigieren. Es ist flächenbeweglich und bietet somit die maximale Bewegungsflexibilität in der Ebene. Mit einer universellen, mechanischen Schnittstelle zur Aufnahme unterschiedlicher Werkstückträger und einer integrierten Hubfunktion (900 mm Hubhöhe) ist das System ergonomisch für den Einsatz in der Montage ausgelegt (Abb. 7.4).

Die Wandelbarkeit des Demonstrators wurde durch nachfolgende Maßnahmen optimiert:

- Inbetriebnahme, Parametrierung und Programmierung mit einer intuitiv bedienbaren, skillbasierten Benutzeroberfläche auf einem beliebigen Smart Device
- Die Einrichtung der Bewegungstrajektorien wird über eine intuitive Mensch-Maschinen-Schnittstelle erweitert
- Einsatz eines neuartigen Open-Source-Navigationsalgorithmus unabhängig fester Navigationsmerkmale in der Produktion
- Die Positionierung in der Station erfolgt über lokal in der Station angebrachte geometrische Merkmale
- Der Mensch wird durch flexibel an- und abkoppelbare Mitfahrplattformen in die Produktion eingebunden

Der beschriebene Demonstrator wurde ebenfalls mit dem vorliegenden Wandlungsfähigkeitsbewertungstool bewertet. Erkennbar wird eine Verbesserung im Bereich Modularität, Kompatibilität und Universalität (Abb. 7.5).

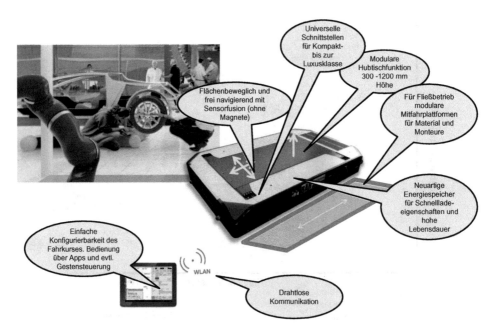

Abb. 7.4 Zielbild Demonstrator wandelbare Fördertechnik

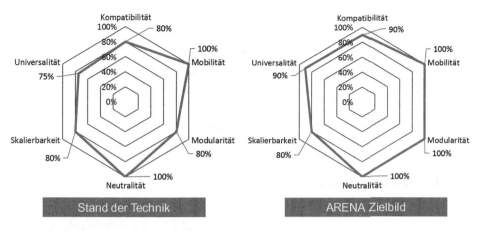

Abb. 7.5 Wandlungstreiber Stand der Technik und ARENA2036 Zielbild

7.5   ARENA2036 Fördermitteldemonstratoren und -konzepte

Mit dem definierten Fahrzeug wurde ein Montagedemonstrator in ForschFab geplant und umgesetzt. Hierfür wurde die Anbindung des Transportsystems an den IT-Verzeichnisdienst Gelbe Seiten [4] für den Anwendungsfall einer Türmodul-Vormontage realisiert und mit den anderen Montagestationen der ForschFab kombiniert.

- Durch die offenen Schnittstellen der FTF zu den anderen Montagestationen, den dezentralen Ansatz des Materialflusses und eine durch die beschriebene freie Navigation ermöglichte flexible Verkettung ergab sich beim Umbau eine deutlich reduzierte Einrichtzeit.
- Die teilweise benötigte erhöhte Genauigkeit der Positionierung wurde nicht durch das Transportsystem abgebildet, sondern in die Stationen implementiert. Im vorliegenden Fall wurde dies über ein optisches Messsystem an den Montagestationen realisiert, welches entweder vorher platzierte Marker oder das Bauteil erkennen und referenzieren konnte. Hierdurch war keine positionsgenaue Inbetriebnahme beim Umbau oder sich verändernde Produkteigenschaft erforderlich.

Im weiteren Verlauf wurden die Erkenntnisse zusammengetragen und in der Planung eines Layouts für das Hallenlayout der neuen ARENA2036-Halle verwendet (Abb. 7.6).

Dabei wurden zwei Prozessbereiche (Bodenmodul Vormontage und Endmontage) mit jeweils einzelnen Montagestationen miteinander verbunden. Ein flexibles Fördersystem wird dabei in zwei Bereiche unterteilt:

- In einen Transportbereich, der sich zwischen den Stationen oder Prozessmodulen befindet,
- und in den Prozessbereich, bei dem das Fördersystem in den Prozess der Station oder des Prozessmoduls eingebunden ist (Abb. 7.7).

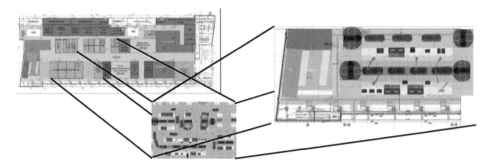

Abb. 7.6 Planungslayout Montage Bodenmodul

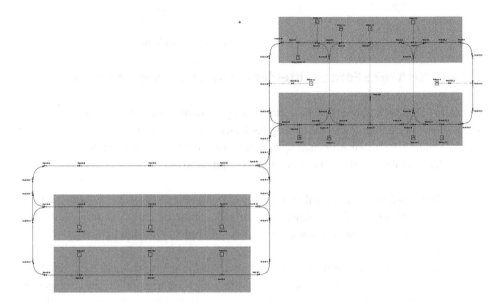

Abb. 7.7 Modelliertes Fahrkurslayout der Produktionslinie Großmodule mit Prozessbereich (rot)

Erkenntnisse aus der Planung und Abbildung des Demonstrators in einem Steuerungskonzept lieferten Rückschlüsse, dass insbesondere die Prozessbereiche zusätzliche Anforderungen an die steuerungstechnische Vernetzung der Systeme haben. Der Vorranggraph und somit der Ablaufgraph für das Transportsystem wird nicht wie heute üblich auf
dem Leitsystem des Transportsystems abgebildet, sondern durch die jeweiligen Abläufe
im Prozessmodul definiert. Dies entspricht dem Grundsatz der Modularisierung und Funktionstrennung. Zielvorgaben zwischen den Prozessmodulen werden entweder durch das
„intelligente" Bauteil, durch Informationen auf dem Begleitmedium (z. B. RFID am Bauteil) oder durch die zuletzt durchlaufene Station vorgegeben.

Diese von Stationsdesign und -funktion sowie vom Produkt abhängigen Prämissen für
den Ablauf des Fördersystems müssen ohne zusätzliche Programmierung realisiert werden können. Hierzu wurden folgende Parameter definiert, welche bodenbewegliche Trans-

portsysteme bei Anfahrt in eine Station oder in ein Prozessmodul über eine Datenschnitt-
stelle austauschen müssen:

• Fahrfreigabesignal für die Trajektorie (Einfahrt in die Station)
• Trajektorienfolge der Stationsdurchfahrt (Einfahrt, Prozessposition, Ausfahrt)
• Stoppsignal (bidirektional)
• Maximale Geschwindigkeit (für Fließbetrieb aus Taktzeit und Stationslänge errechnet)
• Offsetwert (y) zur Mitte der Trajektorie (aufgrund unterschiedlicher Produkt-/Bauteil-
  geometrien)
• Offsetwert (Φ) im Winkel, wenn z. B. ein Quertransport notwendig ist oder das FTF
  sich quer zur Fahrspur platzieren soll
• Information über Energielademöglichkeit für FTF in der Station (taktzeitparalleles Laden)
• Startsignal für Handhabungsfunktion des FTF (min. 5 Achsen)
• Parametersatz für die Handhabungsfunktion (x, y, z, α, β, γ) inklusive maximale Bahn-
  geschwindigkeit des Aufnahmepunkts
• Nächstes Ziel/Prozessmodul, falls dies abhängig von der Station ist
• Aktualisierte Bauteilinformationen (Länge, Breite, Höhe, Gewicht)

Signale vom Transportsystem zum Prozessmodul:

• Produktinformation (kann an Station evtl. über NFC (Near Field Communication) auch
  direkt ausgelesen werden)
• Aktuelle Position in Echtzeit
• Aktueller Bewegungszustand
• Aktueller Status zur Information des Mitarbeiters in der Station über vorhandene Infor-
  mationsmittel

Diese Informationen müssten für die Umwelt (z. B. die Branche, Firma, Fabrik, Halle,
Anlage je nach Skalierung) standardisiert oder mit geeigneten Kommunikationslayern so
gestaltet werden, dass eine direkte Einbindung der FTS-Plug&Play möglich ist.

Zur ersten Erprobung des Ansatzes wurde im Demonstrator der Montagelinie eine
durch den Projektpartner Daimler entwickelte modulare Mitfahrplattform VaMoS (siehe
Abschn. 10.4) in einer Montagestation integriert, die durch eine Person bedient wird. Der
Ablauf des Montageprozesses wird durch den Werker vorgegeben und ist nicht starr programmiert. Dafür wurde ein Teil der beschriebenen Schnittstelle über einen neutralen
Kommunikationslayer der Firma ThingOS eingebunden. Dieser erlaubt es ohne große zusätzliche Entwicklungsarbeit verschiedenste Kommunikationstechnologien miteinander
zu koppeln. Ein vergleichbarer Ansatz wurde innerhalb des Forschungsprojekts mit den
Gelben Seiten verfolgt [4, 5] (Abb. 7.8).

Aufgrund fehlender statischer, mechanischer und softwaretechnischer Verbindungen
und der Möglichkeit einfach bestehende Schnittstellen zu adaptieren, kann eine Inbetriebnahme innerhalb einer halben Stunde erreicht werden. Bei vergleichbaren Systemen wird

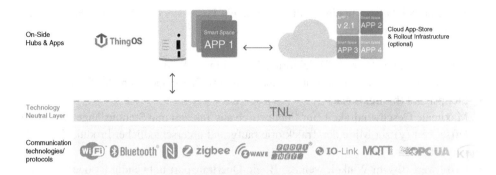

Abb. 7.8 Kommunikationsarchitektur ThingOS GmbH [5]

die beschriebene Inbetriebnahme meist über mehrere Wochen geplant, entwickelt und implementiert. Über das auf einem Smart Device konfigurierte Ablaufprogramm wurde dem FTF eine feste Geschwindigkeit in der Station vorgeben. Die modulare Mitfahrplattform VaMoS synchronisierte sich mit dem FTF, was eine Bearbeitung im Fließbetrieb ermöglichte. Der Werker konnte über einen am Produkt angebrachten RFID-Tag die relevanten Fahrzeugdaten abrufen (Abb. 7.9).

Zum einfachen Steuern und Einrichten der Fahrzeuge wurde ein Anforderungskatalog entwickelt und in einem an das Projekt angegliedertes Nebenprojekt vom Fraunhofer IPA in einer webbasierten Applikation umgesetzt. Die Applikation wurde mit einer universellen Schnittstelle an das FTF angebunden. Diese greift teilweise die beschriebenen Bedarfe einer Schnittstelle zur Station auf, wodurch die entwickelte Schnittstelle auf Basis von ROS (Robot Operating System) für weitere Demonstratoren in der ARENA2036 Verwendung finden kann (Abb. 7.10).

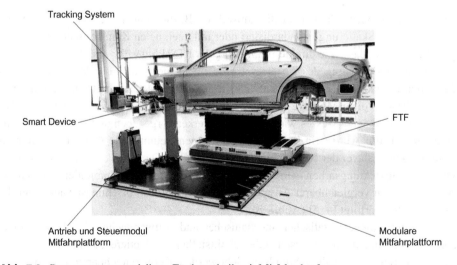

Abb. 7.9 Demonstrator wandelbare Fördertechnik mit Mitfahrplattform

1 Functional Requirements

No	Requirement	Type	Source
1.01	The application shall run on common Smart Devices (at least iOS and Android).	Platform	Req. Doc
1.02	The application shall be usable intuitively on screens of a minimum size of 7".	Platform	Req. Doc
1.03	The application shall be usable intuitively with reduced functionality on screens of a minimum size of 4.5".	Platform	Req. Doc
1.04	The application shall not require the installation of FTF-specific configuration files on the device.	Platform	Req. Doc
1.05	The application should not require installation on the device.	Platform	Req. Doc
1.06	Connecting to an FTF shall not take more than 5s in 90% of cases.	Performance	Req. Doc
1.07	The application shall support retaining connection to at least 5 FTFs simultaneously.	Performance	Req. Doc
1.08	The application shall allow the selection of which FTF is to be.	Functionality	Req. Doc
1.09	If a path is present, the FTF shall follow the path and not navigate to the goal pose autonomously.	Functionality	Req. Doc
1.20	The communication shall use an open communication interface.	Interface	Req. Doc
1.21	The interface shall support various FTF-kinematics, (at least omnidirectional FTF, Drehschemel-FTF and L0gistik-FTF).	Interface	Req. Doc
1.22	The interface shall support the reading of the current map.	Interface	Req. Doc
1.23	The interface shall support the reading currently defined driving paths.	Interface	Req. Doc
1.24	The interface shall support the reading of sensor values used for navigation.	Interface	Req. Doc
1.25	The interface shall support the reading of the FTF status (driving, waiting, error, stopped due to safety sensors).	Interface	Req. Doc
1.26	The interface shall support the sending of start, stop and pause commands to the FTF.	Interface	Req. Doc
1.27	The interface shall support the setting the maximum velocity of the FTF (Override).	Interface	Req. Doc
1.28	The interface shall support the sending manual drive commands to the FTF (manual control).	Interface	Req. Doc
1.29	The interface shall support the sending of goal poses (automatic control).	Interface	Req. Doc
1.30	The interface shall support the modification of existing driving paths.	Interface	Req. Doc
1.31	The interface shall support the creation of new driving paths.	Interface	Req. Doc
1.32	[+] The interface shall support the deletion of existing driving paths.	Interface	Req. Doc
1.50	Available FTF shall be displayed in a selection list.	UI	Req. Doc
1.51	When an FTF is selected, its current map view shall be displayed.	UI	Req. Doc
1.52	The map view shall support panning and zooming via gestures.	UI	Req. Doc

Abb. 7.10 Beispiel Anforderungsliste Web-App

7.6 Zusammenfassung

Der erörterte Ansatz für die Befähigung der Wandelbarkeit veranschaulicht das Potenzial durch Aufbrechen starrer Strukturen mit wandelbaren Fördersystemen. Der Ansatz erweitert die Freiheitsgrade der Fördermittel im Vergleich zu konventionell angeordneten Montagelinie. Hierdurch ergeben sich neue Möglichkeiten in der Planung und der kontinuierlichen Skalierung und Anpassung an sich ändernde Anforderungen. Die Überführung der Konzepte der flexiblen Verkettung in reale Industrieprojekte und die daraus resultierende Möglichkeit der Modularisierung einer Produktion zeigt schon heute ein großes Potenzial, welches bei gezielter Weiterentwicklung der Technologie unter der Prämisse der Wandlungsfähigkeit erreicht werden kann.

Hierzu gehört die vernetzte Lokalisierung über mehrere FTS, eine fähigkeitsorientierte Programmierung, dezentrale Steuerungsarchitekturen und eine Modularisierung der Montagefunktionen. Damit kann im Vergleich zu herkömmlichen Ansätzen das Ziel der Reduzierung der Planungs-, Konstruktions- und Inbetriebnahmezeit erreicht werden.

Zukünftige Aktivitäten werden das Konzept weiter detaillieren. Es sollen Technologien entwickelt werden, welche die Lokalisierung unabhängiger von Umgebungsmerkmalen machen und somit das Einrichten vereinfachen. Die fähigkeitsorientierte Programmierung findet bereits heute verbreitete Anwendung. Ein eigenes Forschungsfeld wird sein, wie automatisierte Fördersysteme mit vielen Freiheitsgraden eigensicher gestaltet werden können. Dazu zählt die sichere Verarbeitung von Informationen, etwa in der Lokalisierung, die sichere Verarbeitung externer (Sicherheits-) Informationen, die Ausnutzung von Schwarmintelligenz und die Verwendung dezentraler, verteilter Systeme. Dies gilt insbesondere bei Integration in die Bewegungsprozesse von Prozessmodulen. Der Ansatz der Standardisierung der Schnittstellen für das Hersteller unabhängige Einbinden von Fahrerlosen Transportsystemen in Steuerungsarchitekturen wird aktuell in der Automobilbranche weiter forsiert. Ein erster Entwurf, der auch viele hier genannte Konzepte beinhaltet wurde als Entwurf veröffentlicht und ist in ersten Projekten in der Verifizierung [6].

Literatur

1. Küpper D, Sieben Ch, Kuhlmann K, Lim YH, Ahmad J (2018) Will flexible-cell manufacturing revolutionize carmaking? Boston Consulting Group, Boston. http://image-src.bcg.com/Images/BCG-Will-Flexible-Cell-Manufacturing-Revolutionize-Carmaking-Oct-2018_tcm108-205177.pdf
2. Popp J, Wehking K (2016). Neuartige Produktionslogistik für eine wandelbare und flexible Automobilproduktion. Logistics Journal: Proceedings. https://www.logistics-journal.de/proceedings/2016/fachkolloquium2015/4376. Zugegriffen am 09.12.2018
3. Conrad RW (2016) 5S als Basis des kontinuierlichen Verbesserungsprozesses, Kap. 7. Institut für angewandte Arbeitswissenschaft e.V.-Edition, Düsseldorf. https://doi.org/10.1007/978-3-662-48552-1_2
4. Kretschmer F. (2016) Gelbe Seiten für die Industrie 4.0. Autom Prax. https://automationspraxis.industrie.de/news/systemhaus-des-monats/gelbe-seiten-fuer-die-industrie-4-0/. Zugegriffen am 31.03.2018
5. Thing OS GmbH (2018) The core of ThingOS: a technology neutral layer. https://thingos.io/technology/. Zugegriffen am 09.12.2018
6. Verband der Automobilindustrie e.V. (VDA) (2019) VDA 5050 – Schnittstelle zur Kommunikation zwischen Fahrerlosen Transportfahrzeugen (FTF) und einer Leitsteuerung, Verband der Automobilindustrie e.V. (VDA), Berlin
7. KUKA AG (2016) Matrix-Produktion: ein Beispiel für Industrie 4.0. https://www.kuka.com/de-de/branchen/loesungsdatenbank/2016/10/solution-systems-matrix-produktion. Zugegriffen am 09.12.2018
8. Weiß M, Ingenics AG (2017) Simulation beweist Flexibilität und Effizienz der Schwarmmontage in der Praxis. https://www.ingenics.com/de/unser-fokus/montageplanung/schwarmmontage/. Zugegriffen am 09.12.2018

Neuartiges Logistikkonzept für die automobile Endmontage ohne Band und Takt

8

Matthias Hofmann und David Korte

Zusammenfassung

Die Produktvielfalt infolge Erschließung neuer Marktsegmente, einhergehend mit der Zunahme an Ausstattungs- und Individualisierungsoptionen, haben dazu geführt, dass in der automobilen Großserienproduktion Losgröße 1 längst nicht mehr ein perspektivisches Szenario darstellt, sondern vielmehr bereits die Realität abbildet. Insofern haben sich die Produkte genau jener Branche fundamental geändert, aus der die Prinzipien der Fließbandfertigung hervorgegangen sind. Darüber hinaus wird angesichts des fortschreitenden Transformationsprozesses hin zu einem größeren Anteil an Hybrid- und Elektrofahrzeugen der Komplexitätsgrad der Austaktung der Montagelinien weiter verschärft. In Anbetracht volatiler Märkte sind Flexibilität und Wandelbarkeit Schlüsselmerkmale effizienter Fertigungsprozesse, auf die es die intralogistischen Prozesse auszurichten gilt. Die Produktionslogistik darf daher nicht Schranke sondern muss Wegbereiter für effiziente Fertigungsprozesse sein. Um die Endmontage variantenreicher Produkte mit großer Spreizung an Montage- und Bauteilumfängen künftig effizienter zu gestalten, bedarf es daher eines Paradigmenwechsels in der Produktionslogistik.

Neuartige Logistikkonzepte für die flexible und wandelbare Automobilproduktionslogistik der Zukunft wurden im Rahmen der ersten Phase in der ARENA2036 entwickelt. Neben Systemen der Teilebereitstellung und des Materialflusses war die konzeptionelle Entwicklung eines innovativen Montage- und Logistik-Groß-FTF, das als Werkstückträ-

M. Hofmann (✉) · D. Korte
Institut für Fördertechnik und Logistik (IFT), Universität Stuttgart, Stuttgart, Deutschland
E-Mail: matthias.hofmann@ift.uni-stuttgart.de

© Springer-Verlag GmbH Deutschland, ein Teil von Springer Nature 2020
T. Bauernhansl et al. (Hrsg.), *Entwicklung, Aufbau und Demonstration einer wandlungsfähigen (Fahrzeug-) Forschungsproduktion*, ARENA2036,
https://doi.org/10.1007/978-3-662-60491-5_8

ger für die automobile Endmontage dienen soll, Hauptbestandteil diverser Projekte, um
eine Produktion ohne starre Taktung und Verkettung zu realisieren.

Für die Auflösung der starren Taktung und fest verketteten Abfolge von Bearbeitungs-
schritten bedarf es, neben neuartigen Werkstückträgern mit zugehöriger Fördertechnik,
reaktionsschneller Materialflusssysteme für die Teilebereitstellung, da durch die Aufhebung der getakteten Sequenzierung auch die Perlenkette in der Zuführung der Bauteile
aufgelöst wird (vgl. [1]). Größere Flexibilität in der Montage bedingt daher geringere
Reaktionszeiten in der Teilebereitstellung. Somit stellen die Prinzipien und die zugehörige
Hardware der Materialflusssysteme für die Zuführung vormontierter Baugruppen, Komponenten und Montagematerialien einen weiteren – da zwingend zusammen zu betrachten-
den – Bestandteil im Kontext von ARENA2036 dar.

8.1   Neuartige Montage- und Logistikplattform in Form eines FTF

Für die Umsetzung eines flexiblen und wandelbaren Logistikkonzepts wurde eine Mon-
tage- und Logistikplattform als Groß-FTF konzipiert. Sie ermöglicht es aufgrund ihrer
Funktionalitäten sämtliche Montageschritte in der Endmontage – beginnend beim Bodenmodul bzw. Fahrgestell – direkt auf dieser Plattform zu vollziehen. Indem die Plattform
auf einem großen fahrerlosen Transportfahrzeug (FTF) mit rundum begehbarer Plattform
basiert, wird eine Entkopplung der einzelnen Werkstückträger bewerkstelligt und dadurch
zugleich eine Form der Skalierbarkeit der im Umlauf befindlichen Werkstückträger erzielt. Diese Merkmale stehen den Eigenschaften getakteter Fördertechnik diametral gegenüber und lassen erkennen, dass eine nicht-getaktete Automobilproduktion mit den ein-
schlägig bekannten starren Fördertechniken nicht zu realisieren sein wird.

Das Montage- und Logistik-FTF besteht primär aus einem omnidirektional frei navi-
gierenden FTF mit integrierter Handhabungstechnik und umlaufender Arbeitsplattform.
Da sich die Montagemitarbeiter zur Durchführung der Arbeitsumfänge auf der fahrzeug-
gebundenen Plattform befinden, muss das Montageobjekt stets in eine ergonomisch sinnvolle Position gebracht werden. Folglich fungiert das Montage- und Logistik-FTF nicht
nur als Werkstückträger, sondern vielmehr als mobile Montageinsel, da die komplette
PKW-Endmontage auf diesem FTF ohne Zuhilfenahme externer Hebe- oder Handhabungseinrichtungen durchgeführt werden kann (vgl. [2]).

Die 3500 × 6000 mm große Mobile Montageinsel ersetzt die bekannten Werkstückträger und Fördertechniken in Gestalt der bisher verwendeten Elektrohängebahnen oder
Schubplattformen (siehe auch Kap. 7). Auf diese Weise besteht zwischen den einzelnen
Werkstückträgern keine mechanische Verbindung mehr, vielmehr stellt jeder Träger ein
für sich autarkes System dar, wodurch nicht nur eine eigenständige Fahrgeschwindigkeit –
und somit Transferzeit –, sondern auch eine voneinander unabhängige Bahnplanung, siehe
Abb. 8.1, ermöglicht wird.

Der in Abb. 8.1 eingezeichnete Pfad 1 umfasst demzufolge andere Montageschritte als Pfad 2. Beispielsweise könnte auf Pfad 1 ein Fahrzeug der Baureihe X mit Verbrennungsmotor montiert werden, während ein Fahrzeug der Baureihe Y mit Hybridantrieb parallel gefertigt werden kann und den Pfad 2 durch das Endmontagelayout nimmt.

Die Verlagerung der Endmontage von klassischer Fördertechnik auf FTF birgt dementsprechend eine Aufhebung der starren Taktung und der sequenziell unverrückbaren Abfolge des Durchlaufens der einzelnen Stationen. Konkret bedeutet dies, dass künftig lediglich die Stationen angefahren bzw. durchlaufen werden, die zur Montage des jeweiligen PKW-Modells bzw. der Modellvariante tatsächlich erforderlich sind (vgl. [3]). Gegenwärtige Endmontagelinien umfassen ca. 150 bis 250 Stationen, wobei den Stationen spezifische Montagetätigkeiten und Einbauten zugeordnet sind. In Verbindung mit einem breiten Spektrum an verfügbaren Technikmerkmalen innerhalb einer PKW-Baureihe können daher durchaus Stationen existieren, an denen in Abhängigkeit des Modells, der Antriebsvariante und der vom Kunden bestellten Ausstattungen, nur geringfügige bis gar keine Arbeitsschritte anfallen. Einen am Bedarf orientierten Durchlauf der Linie, mit der Möglichkeit, Stationen, an denen keine Arbeitsschritte vollzogen werden, mit dem Werkstückträger gänzlich auszulassen, wie in Abb. 8.1 dargestellt, lässt die starre Fördertechnik in einer klassischen Fließbandmontage nicht zu. In der Folge durchläuft das Montageobjekt ggf. Bearbeitungsstationen, an denen keine Wertschöpfung vollzogen wird. Der Einsatz layoutflexibler Fördertechnik ermöglicht dagegen eine Produktion, bei der nicht die Fördertechnik, sondern die fertigungstechnischen Erfordernisse, welche sich aus den Merkmalen des herzustellenden Produktes ergeben, den Weg innerhalb des Montagelayouts vorgeben.

Bei dem Montage- und Logistik-FTF handelt es sich um eine mobile Montageinsel, bei der sich die Mitarbeiter während der Fahrt zur Montage auf der Stehplattform aufhalten. So kann die Fahrzeit zwischen aufeinanderfolgenden Stationen aktiv für Montagetätigkeit – und damit Wertschöpfungsprozesse – genutzt werden. Insofern wird durch die

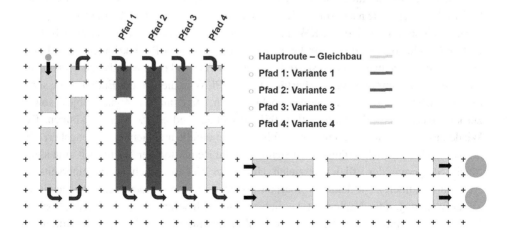

Abb. 8.1 Intelligente, modellspezifische Pfadwahl innerhalb des Montagelayout

großflächige Plattform der fördertechnische Prozess zwischen den Stationen wertschöpfend nutzbar. Diese Form eines mobilen Arbeitsplatzes schafft gleichzeitig die Möglichkeit, Montageprozesse ortsunabhängig durchzuführen, sofern Teile oder Baugruppen zu montieren sind, deren Bereitstellung, Handling und Einbau nicht zwingend eine stationäre Einrichtung erfordert und die betreffenden Bauteile durch Zuliefer-FTF zum Montage- und Logistik-FTF angeliefert werden können. Dementsprechend entfällt die kausale Bindung von Arbeitsumfängen an ortsfeste Stationen.

Das Effizienzsteigerungspotenzial, das mit dem Einsatz des Montage- und Logistik-FTF verbunden ist, wird gravierend erweitert, wenn die Möglichkeit des Aus- und Wiedereinschleusens eines teilmontierten PKW aus bzw. in den Fertigungsprozess miteinbezogen wird. Da jeder Werkstückträger für sich ein autonomes System darstellt, birgt dies die technische Voraussetzung, den Produktionsprozess eines einzelnen Montageobjektes an jeder beliebigen Stelle im Layout zu unterbrechen, sobald ein Fehlerereignis auftritt, ohne den Fertigungsprozess der anderen sich in der Montage befindlichen Werkstücke zu beeinträchtigen. Können bei einer klassischen Fließbandfertigung auftretende Fehler im Montageprozess oder der Tausch defekter Teile nicht innerhalb der Taktzeit bewerkstelligt werden, durchläuft der fehlerhafte PKW dennoch den darauffolgenden Produktionsprozess und die betreffenden Fehler können erst im Nachgang in Form von sogenannter Nacharbeit behoben werden. Liegt das Fehlerereignis – ausgehend von der Station, an welcher der PKW das Band verlässt – weit zurück, ist die Nachbearbeitung mit immensem Aufwand und Rückbaumaßnahmen verbunden, was sich zwangsläufig in hohen Kosten zur Fehlerbehebung niederschlägt. Laut Kratzsch (vgl. [4]) kann von rund 60 bis 100 Montagefehlern bei 100 Fahrzeugen in der Endmontage ausgegangen werden. Diese Fehler verursachen laut einer Studie von Kimberly Clark (vgl. [5]) pro Jahr Kosten in Höhe von 1,9 Milliarden Euro in der gesamten Automobilindustrie. Fehlerereignisse können dabei höchst unterschiedliche Ausprägungen und Ursachen aufweisen und von Montagefehlern bis hin zu schadhaften und mangelhaften Bauteilen oder gar fehlenden Teilen aufgrund von Lieferengpässen eines Zulieferers oder Zwischenfällen in der Materialflusskette des OEM selbst reichen. Je nach Aufbau der Fertigungslinie besteht ggf. an Umsetzern die Möglichkeit, einen teilmontierten PKW auszuschleusen. Oftmals ist dies strukturell bedingt nicht möglich, sodass fehlerhafte Fahrzeuge den kompletten Produktionsprozess durchlaufen, ehe im Nachgang durch speziell geschultes Personal die Instandsetzungsmaßnahmen eingeleitet werden können. Hierfür muss der PKW in die von der Endmontage separierten Nachbearbeitungsbereiche verbracht werden, um dann das Montageobjekt soweit zurückzubauen, dass die fehlerhaften Teile ausgebaut und ersetzt werden können. Der Wiederzusammenbau des Fahrzeugs erfolgt dann ebenfalls im Nachbearbeitungsbereich.

Angesichts dieser Umstände lässt sich durch die Reduktion der Nacharbeit eine signifikante Steigerung der Effizienz erzielen. Um dieses Ziel zu erreichen, sind einerseits die Fälle zu minimieren, in denen Nacharbeit erforderlich wird, andererseits aber auch die Zeitaufwendungen für Nacharbeit deutlich zu senken. Insofern gilt es, zur Reduktion von Nacharbeitsaufwand die Behebung von Fehlern unmittelbar im Fertigungsstadium des Fehlereintritts vorzunehmen. Folglich wird hierfür die aktive Änderung der Plansequenz erforderlich. Dies bedingt primär die mechanische Entkopplung sowohl der Montageträger als auch der auf diese Art der Fertigung ausgelegten Materialflusssysteme.

8.2 Alternative neue Teilebereitstellungskonzepte

Für ein flexibles und wandelbares Produktionssystem ohne Bindung an eine mit mehrtägigem Vorlauf festgelegte Sequenz bedarf es Logistikkonzepte mit entsprechendem Reaktionsvermögen, um auf Änderungen des Produktionsprogramms durch Priorisierung, Kapazitätsverlagerung oder Fehlerbehebung reagieren zu können (vgl. [6]). Die bekannten Bereitstellungsprinzipien Just-in-Time und Just-in-Sequence sind vor diesem Hintergrund ungeeignet, da ihnen eine definierte Perlenkette zugrunde liegt. Während bis dato die Perlenkette immer noch das geeignetste Mittel ist, um der Variantenvielfalt in der Serienproduktion zu begegnen, stellen das Produktionsprogramm und die Montagestationen in einer flexiblen und wandelbaren Produktion keine Fixpunkte mehr dar, auf welche die Perlenkette ausgerichtet werden kann. In einer klassischen Fließbandfertigung bildet die Konfiguration des PKW zwar die Grundlage für die globale Materialbedarfsplanung, letztendlich ist die Bereitstellung von Bauteilen und Montagematerial aber ausgerichtet auf die Durchlaufsequenz der Werkstücke, die sich an der Bearbeitungsstation einstellt, und abgestimmt auf die an der Station zu vollziehenden Montageumfänge. Infolge der Festlegung des Produktionsprogramms und der fixen Taktung und Sequenzierung lässt sich der konkrete Bedarfszeitpunkt an einer Station ab dem Zeitpunkt sekundengenau vorausplanen, an dem ein Werkstück einem konkreten Kundenauftrag zugeordnet wird. Insofern erfolgen der Materialfluss und die Bereitstellung spezifisch für den im Voraus geplanten Bedarf an der jeweiligen Station. In einer flexiblen und wandelbaren Produktion hingegen besteht keine strikte Zeit- und Ortsbindung von Montageumfängen, sodass statt einer stations- vielmehr eine objektspezifische Belieferung zu erfolgen hat, die sich am Echtzeitbedarf des Werkstücks orientiert.

Der Begriff Echtzeitbedarf wird verwendet, da voneinander unabhängige Montageträger, wie die in Abschn. 8.1 beschriebene mobile Montageinsel, einen Durchlauf durch die Fertigung ermöglichen, der sich an den produktionstechnischen Erfordernissen orientiert. Letztere können sich kurzfristig ändern, auch während sich das Werkstück in der Produktion befindet. Dies kann unter anderem durch Ereignisse, wie z. B. Montagefehler oder der Detektion schadhafter Bauteile am Verbauort, eintreten. Der Echtzeitbedarf eines konkreten Werkstücks könnte dergestalt sein, dass ein Ersatzteil benötigt wird und/oder zumindest ein über die Taktdauer hinausgehender Montagezeitbedarf anfällt. In einem getakteten Produktionssystem kann der Fertigungsprozess, bedingt durch die fördertechnischen Gegebenheiten, nicht für den Zeitraum der Mängelbeseitigung unterbrochen werden. Vielmehr besteht der Zwang, den Mangel innerhalb der Taktzeit oder andernfalls im Zuge von Nacharbeit zu beheben.

In einer wandelbaren Produktion hingegen stellt jeder Werkstückträger in Gestalt der mobilen Montageinsel ein autonom agierendes und für sich abgeschlossenes System ohne physische Abhängigkeiten zu anderen Werkstückträgern dar. Im Bedarfsfall kann das

Werkstück aus dem Fertigungsprozess ausgeschleust werden. Durch einen derartigen Vorgang wird die Durchlaufsequenz aktiv geändert und die Perlenkette unterbrochen. Während das Fließbandprinzip ein Unterbrechen und Zurückstellen eines bereits in der Fertigung befindlichen Werkstücks nicht vorsieht und sich somit prozessbedingt auch nicht ohne weiteres bewerkstelligen lässt, soll eine flexible und wandelbare Produktionslogistik hierzu befähigen. Der Echtzeitbedarf eines Werkstücks ist nicht nur durch Zeitpunkte geprägt, in denen ein Bedarf entsteht und abgerufen wird, sondern auch durch Art und Ausprägung des Bedarfs sowie einer zugeordneten Positionsangabe. Der Echtzeitbedarf ist somit eine werkstückspezifische, individuelle und fluktuierende Größe. Zur Deckung dieses Bedarfs müssen Materialflusssysteme zum Einsatz kommen, welche den Anforderungen hinsichtlich Layoutflexibilität, Skalierbarkeit und Reaktionsfähigkeit Rechnung tragen.

Basierend auf diesen Primäranforderungen sind am IFT zunächst zehn völlig neue Logistikkonzepte für die Materialbereitstellung entstanden, die eine flexible und wandelbare Logistik für die Automobilproduktion für die Stückzahl 1 ermöglichen. Diese Konzepte sind im Weiteren hinsichtlich der Umsetzung der Forderung nach Flexibilität und Wandelbarkeit verfeinert und bewertet worden. Eine simulative Bewertung und Optimierung der drei vielversprechendsten Materialflusskonzepte wurde durchgeführt. Die drei aufgrund der Simulationsergebnisse weiterverfolgten Bereitstellungsprinzipien umfassen:

- Warenkorbkonzept
- Einzelteil per FTF
- Riegelkonzept

Die durchgeführten Simulationen basieren auf dem neuen, flexiblen und wandelbaren Produktionslogistikkonzept für die Stückzahl 1 (Abb. 8.2). Für die Simulation standen vertrauliche Daten eines Fahrzeugherstellers zur Verfügung. Diese Daten umfassten u. a. alle verbauten Materialien, deren Größe und Gewichte sowie die pro Fahrzeug benötigte Stückzahl der Teile. Die durchgeführten Simulationen zeigen einerseits, dass die Funktionalität dieser drei neuen Materialflusskonzepte gegeben ist und andererseits mithilfe dieser Materialflusskonzepte mindestens die gleiche Menge an Fahrzeugen montiert und gefertigt werden kann, wie es alternativ mit der bisherigen Fließbandfertigung möglich ist. Die Simulation war somit in erster Instanz auf die generelle Realisierbarkeit und das Erreichen des erforderlichen Durchsatzes fokussiert.

Mit den drei genannten Konzepten ist es in der Zukunft möglich, die Endmontage der Automobilproduktion in einem sogenannten Schachbrettlayout zu realisieren. Dabei durchläuft das Werkstück nur diejenigen Stationen, an denen tatsächlich eine Wertschöpfung vollzogen wird. In Anlehnung an Abb. 8.1 sind die einzelnen Montageschritte nicht mehr über ein Fließband fest verkettet, vielmehr handelt es sich um nicht-verkettete, modularisierte Stationen in einem Schachbrett- bzw. Matrixlayout.

Für einen derart modell- und merkmalspezifischen Fertigungsdurchlauf, bei dem die Abfolge der einzelnen Schritte in Abhängigkeit der Produktausprägung und infolge etwaiger Störfälle stark differieren kann, ist es notwendig, von den heutigen Produktionslogis-

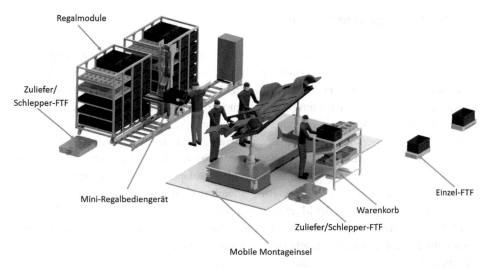

Abb. 8.2 Teilebereitstellung zur mobilen Montageinsel mit den drei Konzepten Einzel-FTF, Warenkorb und Riegelkonzept

tikstrategien Just-in-Time und Just-in-Sequence Abstand zu nehmen. Dies ist eine direkte Folge der Veränderlichkeit von Ort und Zeitpunkt eines Materialabrufes. Zum einen sind die Stationen ortsveränderlich in einem Schachbrettlayout angeordnet, andererseits können auch unabhängig von Stationen auf der mobilen Montageinsel Einbauten vorgenommen werden. Insofern gilt es, eine Just-in-Real-Time-Produktionslogistik auf Basis der oben beschriebenen neuen Materialbereitstellungskonzepte zu etablieren. Just-in-Real-Time steht in dem beschriebenen Fall für ein Materialflusssystem, bei dem die Teilebereitstellung nicht einer vorab festgelegten Perlenkette folgt. Vielmehr existiert ein Netz aus verschiedenen Belieferungskonzepten, das aufgrund seines Reaktionsvermögens in der Lage ist, den sich kurzfristig ändernden Echtzeitbedarf eines Werkstücks zu bedienen (vgl. [3]). In einem ersten Schritt wird hierbei die Endmontage als Anwendungsfall identifiziert. Die Umsetzung eines derartigen Konzepts hat jedoch weitreichende Konsequenzen für Lagerstrukturen und -bestände, Kontraktlogistik und Zulieferer.

8.3 Komponenten der flexiblen und wandelbaren Produktion

Die hardwaretechnische Umsetzung des Konzepts einer flexiblen und wandelbaren Automobilendmontage ohne Band und Takt bedarf neuartiger Technologien auf Seiten der Werkstückträger und Materialbereitstellungssysteme, welche den Anforderungen an Flexibilität und Wandelbarkeit Rechnung tragen. Durch Förderung des Landes Baden-Württemberg konnten einige der primär relevanten Systeme und Komponenten, ausgehend von konzeptionellen Entwürfen, konstruktiv ausgestaltet und bereits in das Prototypenstadium überführt werden.

8.3.1 Montage- und Logistik-FTF

Das Konzept des Montage- und Logistik-FTF stellt mit seinen Abmessungen von 3500 × 6000 mm nicht nur ein Transportmittel dar, sondern fungiert mit seiner integrierten Handhabungstechnik und der Arbeitsplattform als mobile Montageinsel (siehe Abb. 8.3).

Sowohl Aufbau als auch Funktionalität sind primäre Unterscheidungsmerkmale und erlauben eine klare Abgrenzung zum Stand der Technik, wenn Kleinserien- oder Manufakturfertigungen herangezogen werden, in denen bereits heute vielfach FTF als Werkstückträger in der Endmontage anzutreffen sind. Dabei handelt es sich meistens um monofunktionale Transportfahrzeuge, sodass eine bloße Adaption der existierenden Beispiele nicht zielführend wäre. Die gegenwärtige Situation stellt sich de facto so dar, dass die technischen Möglichkeiten der Montageträger und -hilfsmittel die Grenzen der Flexibilität und Wandlungsfähigkeit, aber auch der Montageabläufe markieren. Nicht zuletzt deswegen stellt die mobile Montageinsel eine disruptive Technologie dar, da sie Transportmittel, Montageträger, Handhabungstechnik und Arbeitsplattform verbindet (vgl. [7] und [8]).

Das FTF lässt sich in drei Hauptbaugruppen unterteilen (vgl. Abb. 8.4).

Das Chassis mit den Fahrantriebseinheiten und Aggregaten bildet den Rumpf des FTF. Die Antriebe sind als kombinierte Fahr-und Lenkeinheiten ausgeführt, deren Schwenkbereich omnidirektionales Fahren, insbesondere Drehen auf der Stelle, ermöglicht. Aufgrund der Grundmaße der mobilen Montageinsel ist dies eine essenzielle Voraussetzung, um flächensparend manövrieren zu können. Eine weitere Primäranforderung ist die Spreizung des Fahrgeschwindigkeitsbereichs für eine hohe Variabilität im Sinne der „individuellen Taktzeit". Mit der Montageinsel im derzeitigen Prototypenstadium lassen sich Fahrgeschwindigkeiten zwischen 0,02 m/s und 1,5 m/s erzielen. Der Rumpf des Fahrzeugs ist von der umlaufenden Arbeits- und Stehplattform umgeben. Über dem Rumpf befindet sich, angebunden an die Hubeinrichtung, der vollvariable Ladungsträger, der die Fahrzeugaufnahme darstellt. Der äußere Aufbau des Chassis ähnelt der Form eines Knochens. Die Enden stellen die „Radkästen" mit den jeweils zwei darin verbauten Schwenkantrieben dar.

Abb. 8.3 Intralogistikkomponenten für die Automobilproduktion ohne Band und Takt – erste Prototypen

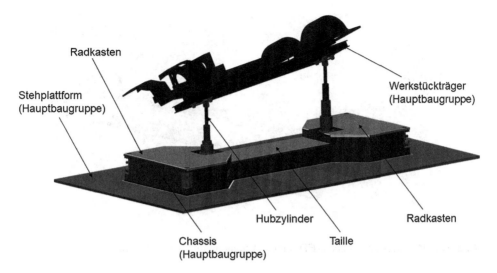

Abb. 8.4 Aufbau der mobilen Montage- und Logistikinsel

Der zwischen den Radkästen befindliche Steg bildet die „Taille", in welche die Hubvorrichtung des Ladungsträgers integriert ist.

Ziel war es, möglichst viel Technikraum in die Radkästen zu legen, um die Bauhöhe der „Taille" niedrig zu halten und es dem Monteur so zu ermöglichen, in der unteren Grundposition des Ladungsträgers das Dach des darauf befindlichen PKW noch ergonomisch zu erreichen. Diese Restriktion schlägt zwangsläufig auf die Bauhöhe der Radkästen und damit den verfügbaren Bauraum der Antriebe durch. Da der Durchmesser von Rädern mit Polyurethanbandage mit der Tragfähigkeit korreliert, galt es, die auf die Fahrantriebe wirkende Eigenlast des FTF niedrig zu halten, um eine Nutzlast von 2500 kg zu erzielen. Aus diesem Grund wurde für die Arbeitsplattform eine Ausführung gewählt, die vom Chassis des FTF hinsichtlich des Eigengewichts entkoppelt ist und ohne mechanisch tragende Verbindung zum Chassis auskommt.

Über zwei Teleskop-Hydraulikzylinder kann der Ladungsträger – in Relation zur Grundposition −500 mm über der Arbeitsplattform um maximal 1000 mm angehoben werden. Über differenzielles Ausfahren der Hubzylinder kann ein Nicken um die Querachse der Fahrzeugaufnahme erzielt werden, während das Schwenken um die Längsachse über zwei separate Hydraulikzylinder erfolgt. Um auch Tätigkeiten am Unterboden des PKW in ergonomischer Arbeitshaltung durchführen zu können, ist der Fahrzeugträger um die Längsrichtung des PKW schwenkbar. Für den ersten Prototyp wurde der Schwenkwinkel zunächst auf 25° begrenzt. Im Zuge der Erprobung gilt es zu evaluieren, inwiefern größere Schwenkwinkel montagetechnisch erforderlich respektive technisch umsetzbar sind.

Hinsichtlich Flexibilität und Wandlungsfähigkeit der Montageinsel bildet die Fahrzeugaufnahme die Primärkomponente. Erst die vollautomatische Verstellung der Fahrzeugaufnahme, siehe Abb. 8.5, gewährleistet eine modellübergreifende Anpassungsfähigkeit und Verwendbarkeit innerhalb des kompletten Produktspektrums eines OEM. Den Werkstückträger

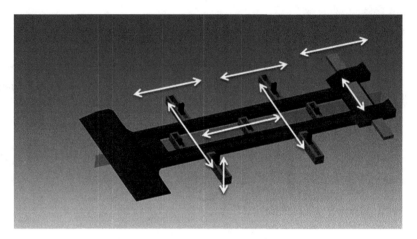

Abb. 8.5 Montage- und Logistik-FTF für die Automobilproduktion ohne Band und Takt

gilt es so auszuführen, dass sämtliche PKW-Modelle, vom Kleinwagen bis zur Langversion von Oberklasselimousinen, unabhängig von deren Radstand und Spurweite aufgenommen werden können. Dies ist zentraler Bestandteil und Grundvoraussetzung, um künftig in Bauart und Abmessungen grundlegend verschiedene PKW-Modelle in einer Fabrik mit ein und derselben förder-, lager- und handhabungstechnischen Maschine in Gestalt der mobilen Montageinsel produzieren zu können (vgl. [2] und [9]).

Für PKW-Produzenten eröffnet die Universalität dieser innovativen Montage- und Logistikinsel die Möglichkeit, die Fertigung von Derivaten mit Hybrid-, Elektro- oder Gasantrieb in einer Montagelinie zu bündeln, um so PKW mit ähnlichem Antriebskonzept baureihenübergreifend in einer Linie zu montieren. Dies setzt jedoch einen vollautomatisch, ohne Rüstzeit an verschiedenste Spur- und Radstandabmessungen anpassbaren Werkstückträger/ Fahrzeugträger voraus, wie ein Blick auf das Portfolio alternativ angetriebener Modelle der Audi AG zeigt. Die Bandbreite reicht hier vom Kleinwagen A3 bis hin zum SUV Q7. Eine intelligente Pfadwahl innerhalb des Layouts, die sich nach der Konfiguration des PKW und nicht der Fördertechnik richtet, ist hierfür unabdingbare Voraussetzung.

8.3.2 Riegelkonzept

Bei dem in Abschn. 8.2 genannten Riegelkonzept handelt es sich um ein kleinskaliges automatisches Kleinteilelager (AKL). Während ein AKL in einer klassischen Lager- und Kommissionierzone eingesetzt wird, soll das Riegelkonzept direkt in der Fertigung Anwendung finden. Da im Umfeld der Produktionslogistik der Automobilindustrie hinsichtlich der der Produktion vorgelagerten Kommissionierbereiche von sogenannten Logistik-Supermärkten gesprochen wird, stellt das Riegelkonzept im Grunde einen mobilen Supermarkt dar (vgl. [3] und [7]). Dies liegt vor allem an der ortsbeweglichen Ausführung der Komponenten. Das Riegelkonzept besteht aus insgesamt drei Einzelkomponenten, die unabhängig voneinander betrieben werden können, jedoch erst im Verbund ein mobiles AKL respektive einen mobilen Supermarkt bilden. So umfasst das Riegelkonzept ein kompaktes FTF, das mobile Regalmodule transportiert, sowie eine nicht-ortsgebundene Kommissioniereinheit für das Handling und die Ein- und Auslagerung von Kleinladungsträgern (KLT) aus mobilen Regalmodulen (vgl. Abb. 8.6 und 8.7)

Während ein klassischer Logistik-Supermarkt einen der Produktion – ggf. auch räumlich weit entfernten – vorgelagerten Bereich darstellt, in welchem die Sequenzierung der Bauteile und des Montagematerialbedarfs vollzogen wird, geht das Riegelkonzept von einem in den Regalmodulen befindlichen Teileportfolio aus und zielt darauf ab, die Sequenz erst am Verbauort herzustellen. Bei dieser Form der Materialbereitstellung erfolgt die Synchronisation mit dem Produktionsprogramm erst an der Stelle, an welcher der physische Bedarf in der Logistikkette entsteht – Just-in-Real-Time. Der Ansatz, die Versorgung der Produktion dem Echtzeitbedarf entsprechend vorzunehmen, steht dem einschlägigen Prinzip der Perlenkette diametral entgegen, da nicht von einem planerischen Bedarf ausgegangen wird, der auf der Festlegung und Prognose des Produktionsprogramms basiert. Vielmehr verfügt das Riegelkonzept durch das in den Regalmodulen befindliche Teileportfolio über die erforderliche Reaktionsfähigkeit, um die Teileversorgung auch bei kurzfristigen Änderungen des Produktionsprogramms zu gewährleisten. Anders

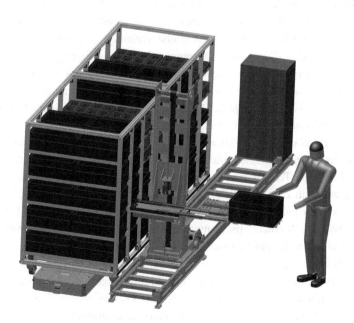

Abb. 8.6 Idee des Riegelkonzeptes: mobile Regalmodule, Transport-FTF und semimobile Ein-/ Auslagerungseinheiten

Abb. 8.7 Prototyp des Riegelkonzepts

als bei einem Warenkorb, der in seiner Zusammenstellung einen werkstückspezifischen Bausatz darstellt, gründet die Bereitstellung mittels Riegelkonzept auf der Vereinzelung. So zielt das Riegelkonzept vor allem auf den Einsatz an Montagestationen ab, an denen Bauteile und Materialien mit hoher Varianz und Verbauquote bereitzustellen sind. Beispiele hierfür sind Außenspiegel, Scheinwerfer, Lenkräder etc.

Das Riegelkonzept stellt faktisch eine mobile und kleinskalige Form eines Logistik-Supermarktes dar. Die Bestückung der Regale kann in vielfältiger Weise erfolgen und ist wesentlich von den individuellen Planungen des Anwenders abhängig. So können sich beispielsweise in den Regalmodulen sämtliche Varianten an Außenspiegeln einer Fahrzeugbaureihe befinden. Die auftragsbezogene Kommissionierung in Abhängigkeit der faktischen Reihenfolge des Fertigungsdurchlaufs erfolgt dann aus diesem definierten Teilespektrum am Verbauort selbst. Die Kommissionierung erfolgt automatisiert mit einem semimobilen Mini-Regalbediengerät (Mini-RBG) nach dem Ware-zum-Mann-Prinzip in direkter Mensch-Maschine-Kollaboration.

Primäres Ziel bei der Konstruktion des Mini-RBG war es, eine nicht-ortsfeste Anlage zu schaffen, für deren Betrieb lediglich eine Stromversorgung als Infrastruktur vorhanden sein muss. Sämtliche Technik ist daher maschinenseitig immanent und die Konstruktion freitragend, wodurch das Mini-RBG mittels eines Staplers oder Handgabelhubwagens umgezogen werden kann. Somit wird der Forderung nach Layoutflexibilität Rechnung getragen. Universalität sowie eine kompakte Ausführung waren weitere Anforderungen. Das Mini-RBG ist eine Eigenkonstruktion des IFT, vom komplexen doppeltief ausfahrenden Teleskoptisch bis zu den Umlenk- und Antriebsrollen der Hülltriebe. Nur so war zu ermöglichen, dass doppeltief (1200 mm) ein- und ausgelagert werden kann, während die benötigte Gassenbreite des Mini-RBG lediglich ca. 660 mm beträgt. Die Universalität dieses Betriebsmittels gewährleistet, dass die Ein-/Auslagerungseinheit unabhängig von den Spezifikationen der Kleinteilebehälter und Tablare mit Grundmaß 600 × 400 mm bzw. 400 × 300 mm eingesetzt werden kann und zu deren Handhabung keine spezifischen Greifertaschen benötigt werden. Das Mini-Regalbediengerät besteht aus den Hauptbaugruppen Grundrahmen mit Schiene, Fahrwerk, Hubgerüst, Hubtisch und der darauf befindlichen Teleskopiereinheit.

Um die Anforderungen nach einer Nutzlast von 60 kg (bei Beladung des Teleskoptisches mit 2 KLT 400 × 300) mit hoher Umschlagleistung und freitragender Konstruktion ohne Bodenverankerung zu erfüllen, musste besonderes Augenmerk auf die Schwerpunktlage des Regalbediengerätes gelegt werden. Alle Achsen wurden mit gewichtssparenden formschlüssigen Hülltrieben ausgeführt und die Antriebe zentral positioniert. Die Anlage verfügt über eine Schienenlänge von 5000 mm und ist damit für die gleichzeitige Be- und Entladung von zwei fahrbaren Regalmodulen mit je 40 KLT-Plätzen mit Grundmaß 600 × 400-mm ausgelegt. Durch die Ausführung des Horizontalantriebs mit endlosem Zahnriemen in Omega-Anordnung und fahrzeuggebundenem Antrieb ist die Schienenlänge beliebig variierbar und für eine größere Anzahl Regalmodule erweiterbar. Auf der Horizontalachse wird in der jetzigen Konfiguration eine maximale Verfahrgeschwindigkeit von 2 m/s erreicht, während die Vertikalachse mit 1 m/s betrieben wird. Die maximale Ein-/Auslagerungshöhe beträgt derzeit 1800 mm, während die minimal erreichbare Fachbodenhöhe bei 320 mm über Bodenniveau liegt. Durch die hohe Dynamik der Achsbewegungen können selbst bei maximalen Fahrwegen in der Konstellation mit zwei doppeltiefen Regalmodulen 4 Behälter in nur 90 Sekunden bereitgestellt werden. Je nach Anwendungsszenario kann dies an einer ortsfesten Übergabestelle oder in einer Kollaboration zwischen Mensch und Maschine erfolgen, bei der die Übergabeposition durch den Mitarbeiter intuitiv vorgegeben wird (vgl. Abb. 8.9). Die Bemessung und Auslegung der Ausbringung mit 90 s entspricht den Anforderungen, die sich bei der Versorgung einer klassischen Fließbandmontage ergeben. Zur Bewertung der Durchsatzleistung für die Gesamtkonzeption einer flexiblen und wandelbaren Produktion sowie der einzelnen Hardwarebestandteile wurde der Vergleich mit einer variantenreichen, getakteten Fließbandfertigung aus dem Premiumsegment herangezogen (vgl. [10]).

In einer weiteren, bisher noch nicht als Prototyp realisierten Variante des Riegelkonzeptes weist die mobile Ein-/Auslagerungseinheit einen höheren Grad an Flexibilität auf. In diesem Fall wurde die Mobilitätsanforderung durch ein fahrerloses Transportfahrzeug realisiert (siehe Abb. 8.8).

Ungeachtet der Ausführungsvariante mit semimobilem Mini-Regalbediengerät oder der Kommissioniereinheit in Gestalt eines fahrerlosen Transportfahrzeugs zeichnet sich das Riegelkonzept neben seiner Reaktionsgeschwindigkeit auch dadurch aus, dass manuelle Kommissionier- und Umschlagprozesse reduziert werden können. Dem Mitarbeiter wird stets das für den anstehenden Arbeitsschritt benötigte Material automatisch und zielgerichtet angereicht. Dadurch werden potenzielle Fehlerquellen reduziert und gleichzeitig eine Entlastung der Montagemitarbeiter ermöglicht. Für die Anwendung am Verbauort mit direkter Materialübergabe an den Mitarbeiter muss eine Interaktion zwischen Mensch und Maschine bestehen, da dieses Szenario eine Form der Mensch-Roboter-Kollaboration (MRK) darstellt.

Gemäß dem Prinzip des offenen Layouts mit intelligenter Pfadwahl der Montageträger muss das Material zum Montageobjekt geliefert werden (vgl. Abb. 8.9 und 8.10).

Abb. 8.8 Riegelkonzept mit Kommissioniereinheit auf Basis eines FTF

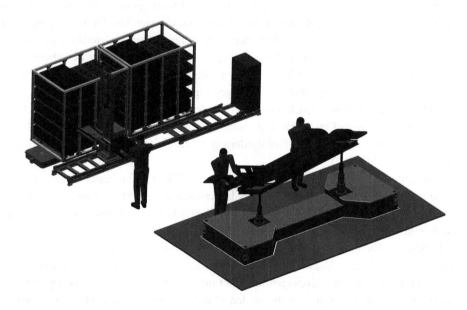

Abb. 8.9 Idee der Materialzuführung zur mobilen Montageinsel mit dem Riegelkonzept an einer Montagestation

Abb. 8.10 Materialzuführung an einer Montagestation per Einzel-FTF (Vordergrund) und Riegel-konzept

---

Literatur

1. Wehking K-H, Popp J (2015). Automobilproduktionslogistik – heute, morgen und übermorgen. 32. Logistik-Kongress der Bundesvereinigung Logistik (BVL) e.V.
2. Hofmann M (2016) Montage- und Logistik-FTF für die Automobilproduktion ohne Band und Takt. Logistics Journal: Proceedings (urn:nbn:de:0009-14-44652)
3. Hofmann M (2019) Material flow systems and intralogistics components for a non-sequential, flexibly timed automobile production – First prototypes. XXIII International conference on „MATERIAL HANDLING, CONSTRUCTIONS AND LOGISTICS", Vienna, Austria 2019. ISBN 978-86-6060-020-4
4. Kratzsch S (2000) Prozess- und Arbeitsorganisation in Fliessmontagesystemen. Schriftenreihe des IWF, Vulkan-Verlag GmbH, Essen. ISBN-13: 978-3802786549
5. Kimberly-Clark (2014) Versteckte Kosten von Nacharbeit. https://www.kcprofessional.de/media/144520592/Versteckte_Kosten_von_Nacharbeit_in_der_Automobilindutrie_von-Kimberly_Clark_Professional.pdf. Zugegriffen am 12.10.2019.
6. Wehking K-H, Hofmann M, Korte D, Hagg M, Pfleger D (2018) Automobilproduktionslogistik im Wandel. in: Bundesvereingung Logistik (BVL) e.V. (Hrsg) Digitales trifft Reales. Kongress-band – 35. Deutscher Logistik-Kongress. DVV Media Group, Hamburg
7. Hofmann M (2018) Intralogistikkomponenten für die Automobilproduktion ohne Band und Takt – erste Prototypen. Logistics Journal: Proceedings (urn:nbn:de:0009-14-47616)
8. Hofmann M, Wehking K-H (2018) Mobile Montageinsel für die Automobilproduktion ohne Band und Takt. In: Bruns R, Ulrich S (Hrsg) Forschungskatalog Flurförderzeuge 2018, Helmut-Schmidt-Universität Hamburg, Lehrstuhl MTL. Hebezeuge Fördermittel, Huss Medien GmbH, Berlin

9. Wehking KH, Korte D, Hagg M. (2018) Challenges of a safe value-added production logistics of the future. In: Bargende M, Reuss HC, Wiedemann J (Hrsg) 18. Internationales Stuttgarter Symposium. Proceedings. Springer Vieweg, Wiesbaden
10. Popp J (2018) Neuartige Logistikkonzepte für eine flexible Automobilproduktion ohne Band. Dissertation Universität Stuttgart

Wandelbare Plug&Produce-Montagesysteme

9

Stefan Junker und Marian Vorderer

Zusammenfassung

Die Zunahme der Produktvielfalt stellt die Hersteller zunehmend vor die Herausforderung der wirtschaftlichen Produktion. Dieser Beitrag adressiert die automatisierte Montage und analysiert dazu zunächst existierende Anlagenkonzepte, indem das Konzept der Sondermaschine mit flexiblen, am Markt verfügbaren Konzepten, sowie Beispielen aus dem akademischen Umfeld verglichen wird. Daraus werden Entwicklungspotenziale hinsichtlich wandlungsfähiger Anlagenkonzepte abgeleitet.

Diese Entwicklungspotenziale adressiert das vorgestellte Plug-and-Produce-System, welches aus austauschbaren Prozessträgern mit standardisierten Prozesseinheiten besteht. Diese „Mechatronischen Objekte" (MO) stellen ihre Fähigkeiten über eine integrierte Steuerung digital zur Verfügung und sind um eine sub-mm genaue Positionsbestimmung ergänzt. Die Kombination der Fähigkeiten mehrerer MO erlaubt so die Automatisierung von Montageaufgaben, wobei das Engineering durch kurze Inbetriebnahmezeiten und die Möglichkeit der einfachen, nachträglichen Änderung geprägt ist. Die Funktionsweise des Konzepts wird anhand eines Demonstrators gezeigt und legt die Grundlage für die weitere Zusammenarbeit im Konsortium.

S. Junker
Robert Bosch GmbH, Renningen, Deutschland

M. Vorderer (✉)
Robert Bosch GmbH, Nürnberg, Deutschland
E-Mail: marian.vorderer@de.bosch.com

© Springer-Verlag GmbH Deutschland, ein Teil von Springer Nature 2020
T. Bauernhansl et al. (Hrsg.), *Entwicklung, Aufbau und Demonstration einer wandlungsfähigen (Fahrzeug-) Forschungsproduktion*, ARENA2036,
https://doi.org/10.1007/978-3-662-60491-5_9

9.1   Einleitung

Durch immer kürzere Innovationszyklen werden neue Technologien immer schneller in neue Produktideen umgesetzt. Gleichzeitig sind etablierte Hersteller von Gütern konfrontiert mit agilen kleinen und mittleren Unternehmen, die sehr schnell neue und innovative Produkte auf den Markt bringen. Während es dieser Wettbewerb den Kunden ermöglicht, Produkte auszuwählen, die am besten zu ihrem Bedarf und Budget passen, sind die produzierenden Unternehmen mit immer kürzeren Produktlebenszyklen, einer höheren Produktvielfalt, schwankenden Anforderungen sowie einem starken Kostendruck konfrontiert. Da dieser so genannte Mass-Customization-Effekt zunehmend auch die klassischen High-Volume-Low-Varianten-Märkte betrifft, sind Produktionssysteme gefragt, die sowohl hohe Produktivität als auch Anpassungsfähigkeit bieten [1, 2].

Ein Beispiel für diese Entwicklung ist die Automobilproduktion, in der sich die Zahl der verschiedenen Fahrzeugmodelle in den letzten 60 Jahren etwa vervierfacht hat (Abb. 9.1). Darüber hinaus kann der Kunde aus einer ständig wachsenden Anzahl von Ausstattungsmerkmalen wählen, die von neuen Antriebskonzepten und Karosserievarianten bis hin zu einer steigenden Anzahl von Komfort- und Sicherheitsausstattungen reichen. Infolgedessen nimmt die Anzahl der von den Automobilzulieferern gelieferten Komponenten exponentiell zu, während der Kostendruck steigt.

Diese volatilen Märkte spiegeln sich auch in den Anforderungen an wettbewerbsfähige Produktionsanlagen wider. Während bei geringen Stückzahlen die hohe Flexibilität des Herstellers durch menschliche Bediener wirtschaftlich gewährleistet werden kann, ist die manuelle Fertigung von Großserienteilen keine wirtschaftlich sinnvolle Option. Um wettbewerbsfähig zu bleiben, müssen zukünftige automatisierte Montagesysteme in der Lage sein, wechselnde Produkte und deren Varianten schnell und kostengünstig bei minimierten Stillstandszeiten zu erfüllen. Dieses Kapitel stellt ein neues Konzept für die Konstruktion

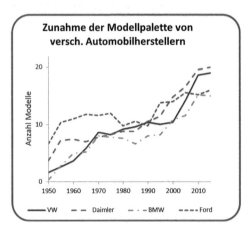

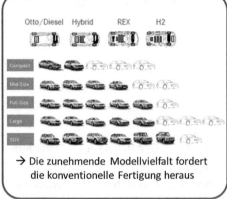

Abb. 9.1 Steigende Produktvielfalt führt zu komplexeren Produktportfolios, die kostengünstig hergestellt werden müssen nach [3, 4] und eigenen Daten

von wandelbaren Montagesystemen vor. Neben einem hochmodularen Aufbau wird der vorgestellte Ansatz durch innovative IT- und Steuerungstechnologien unterstützt.

9.2 Strukturanalyse aktueller Maschinenkonzepte

Für die wirtschaftliche Fertigung und Montage von Produkten und Komponenten wurden zwei verschiedene Maschinenkonzepte entwickelt. Der Sondermaschinenbau ist auf Durchsatz und homogene Produkte optimiert, während der modulare Maschinenpark auf eine effizientere Bearbeitung wechselnder Anforderungen ausgerichtet ist.

9.2.1 Sondermaschinenbau

Die Automatisierung von Montageprozessen in bestehenden Produktionsanlagen wird überwiegend mit Spezialmaschinen verwirklicht (Abb. 9.2). Der zu erwartende Produktdurchsatz und die Varianten werden zu Beginn des Engineeringzyklus in der Planungsphase festgelegt und führen zu fertigungstechnischen Anforderungen. Ein einzigartiges Design findet sich in allen Teilbereichen der Sondermaschine wieder. Dazu gehören der mechanische Aufbau, die Steuerungstechnik, die elektrische Installation und das Programm der Maschine.

Der mechanische Aufbau der Maschine, ihre Struktur und ihre Verbindungen sind starr und für den Montageprozess optimiert. Nachträgliche Änderungen am Layout führen daher zu zusätzlichem Aufwand bei der Planung und Umsetzung. Die Architektur des Steuerungskonzeptes ist zentralisiert und erfordert alle Informationen und Signale, die zu einem Schaltschrank geleitet werden. Bussysteme reduzieren den Verkabelungsaufwand, jedoch ist eine feste Verdrahtung notwendig, um die Komponenten wie Aktoren und Sensoren zu integrieren [5].

Abb. 9.2 Sondermaschinen bestehen aus kundenspezifischer Mechanik, Elektronik und Steuerung, welche die Anpassungsfähigkeit an unterschiedliche Produkte und Prozesse einschränkt

Experten sind Voraussetzung für die Erstellung von Maschinenprogrammen, um die montagespezifische Reihenfolge meist als festes schriftliches Programm umzusetzen. Die Anwendung der industriellen Steuerungstechnik erfordert den Einsatz proprietärer Engineeringtools, die zu einem zusätzlichen Konfigurations- und Administrationsaufwand führen.

Die realisierten Sondermaschinen sind geeignet, die zuvor in der Planungsphase definierte Produktpalette einschließlich Varianten auf Basis von Softwarealternativen zu handhaben, aber nicht für eine spätere Anpassung an neue Produkte oder Prozesse ausgelegt.

Das mechanische, elektrische und softwaretechnische Engineering von Sondermaschinen verursacht aufgrund ihrer kundenspezifischen Auslegung erhebliche Kosten. Aktuelle Ansätze [6] gehen diese Kosten durch Wiederverwendung von Konstruktionsvorlagen wie Baugruppen (mechanische Konstruktion), Makros (elektrische Konstruktion) und Bibliotheken (Softwareentwicklung) an. Die praktische Anwendung führt jedoch zu geringen Einspareffekten. Die Integration der Maschine ist mit hohem Konstruktions- und Verdrahtungsaufwand verbunden, während Störungen wie Inkompatibilitäten, Konstruktionsfehler oder unbekannte Abhängigkeiten immer häufiger bei der Maschinenmontage erkannt werden. Dies gilt auch für die Inbetriebnahme.

Aufgrund des hochspezialisierten Maschinendesigns ist eine Anpassung an nicht vorhersehbare Produkte und Varianten nicht vorgesehen. Die Anpassung an neue Produkte und/oder Prozesse erfordert eine Modifikation der Maschine, die in der Praxis zu erheblichen Stillstandzeiten führt.

9.2.2 Modulare Maschinen

Die für die jeweilige Montageaufgabe notwendigen Prozessmodule müssen projektbezogen bereitgestellt werden. Das Engineering und die Inbetriebnahme neuer Prozessmodule können parallel zur Produktion erfolgen. Die Integration von zugelassenen Modulen in das System erfordert nur eine kurze Stillstandzeit der Maschine (Abb. 9.3).

Der wesentliche Vorteil von modularen Maschinen gegenüber Sondermaschinen besteht darin, dass der Aufwand für die Konstruktion des Moduls gering ist. Die Verkettung der Module zu einer betriebsbereiten Maschine ist durch den Modulstandard vorgegeben. Änderungen der Montageanforderungen und die daraus resultierende Anpassung der Automatisierung kann durch die Entwicklung neuer Module erleichtert werden. Dies gilt auch bei defekten Modulen, bei denen die Module komplett ausgetauscht werden können, um die Ausfallzeiten zu reduzieren.

Der Nachteil des modularen Konzepts ist die vorgegebene mechanische Begrenzung des Moduls, die den Konstrukteur einschränkt. In einigen Fällen sind aus Platzgründen mehrere Prozesse in einem Modul untergebracht, was dem modularen Grundgedanken entgegensteht.

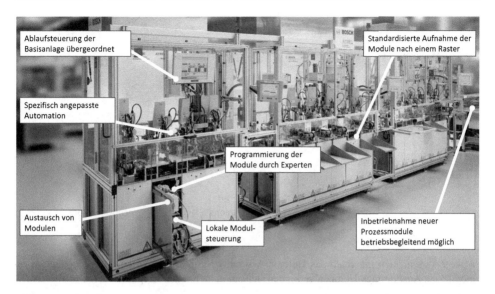

Ablaufsteuerung der
Basisanlage übergeordnet

Standardisierte Aufnahme der
Module nach einem Raster

Spezifisch angepasste
Automation

Programmierung der
Module durch Experten

Austausch von
Modulen

Lokale Modul-
steuerung

Inbetriebnahme neuer
Prozessmodule
betriebsbegleitend möglich

Abb. 9.3 Modulare Montagemaschinen bestehen aus standardisierten Modulen, die in einem Grundrahmen montiert sind. Jedes Modul kann ausgetauscht werden, um auf unterschiedliche Produkte und Prozesse zu reagieren

9.2.3 Trends und Beispiele aus der Wissenschaft

Viele Beispiele zur Vereinfachung des Engineeringprozesses für Montagemaschinen finden sich im akademischen Bereich. Die folgenden drei Projekte sind eine Auswahl visionärer Konzepte zur Entwicklung von Montagesystemen.

9.2.3.1 Plug&Produce: Holonisches Montagesystem (Universität Tokio)

Das Holonic Assembly System (HAS) wurde Ende des 20. Jahrhunderts an der Universität Tokio entwickelt [7]. Das Konzept des Plug&Play aus dem PC-Bereich wurde um die automatische Netzwerkeinrichtung und die Interaktion zwischen den Geräten im System erweitert. Die Anwendung in der industriellen Anwendung prägte den Begriff „Plug&Produce".

Die Architektur des Steuerungssystems folgte dem Holon-Prinzip, das sich durch ein gegenteiliges Verhalten auszeichnet: Selbstautonomie und Zusammenarbeit mit anderen Holons. Der realisierte Demonstrator besteht aus drei Robotern, die in der Lage sind, Handhabungsaufgaben (Stapeln von Scheiben) durchzuführen. Jedes Gerät wurde mit einem Ausführungs-Holon verbunden, um sich selbst zu kontrollieren (Selbstautonomie) und gleichzeitig die dynamischen Ausführung von Arbeitsaufträgen des Gesamtsystems zu verhandeln (Kooperation) (Abb. 9.4).

Die Ursprungskoordinaten der einzelnen Geräte wurden vom Anwender manuell ermittelt und im entsprechenden Datenmodell gespeichert. Eine automatisierte Inbetriebnahme

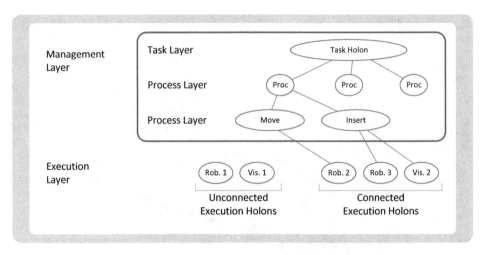

Abb. 9.4 Schichten innerhalb des Holonic Assembly Systems (HAS), um Plug&Produce zu ermöglichen. Ausführungs-Holonen verbinden sich autonom mit den Aufgaben-Holon

wurde durch das Hinzufügen von Informationen über benachbarte Geräte und Produktdaten ermöglicht.

Obwohl der grundlegende Plug&Produce-Ansatz, d. h. die automatische Analyse von Arbeitsplatz und Montagevorranggraphen, die Relevanz des Projekts für eine mögliche reale Nutzung erhöhte, beschränkte sich die Anwendung auf einfache Pick-and-Place-Anwendungen. Komplexere Operationen wie die Kombination von Geräten (Roboter mit intelligentem Werkzeugwechsler) konnten mit diesem Ansatz nicht realisiert werden.

Der demonstrierte Ansatz ermöglichte eine wesentlich bessere Anpassung von Montagesystemen an veränderte Randbedingungen. So konnte bei Änderungen im montierten Produkt oder bei Fehlern die Effizienz des Montagesystems erhalten werden.

9.2.3.2 Skillbasierte Programmierung: SMErobot™ (Fraunhofer IPA)

Aufgrund der Tatsache, dass Roboter meist in der Massenproduktion eingesetzt werden, die sich durch viele Wiederholungen bei geringer Varianz der zu produzierenden Teile auszeichnet, zielte das öffentlich geförderte Projekt SMErobot™ auf den Einsatz von Robotern in der Produktion von Kleinserien in kleinen und mittleren Unternehmen (KMU). Anwendungen im Mittelstand zeichnen sich durch eine schnelle Anpassung an neue Produkte und Prozesse statt durch kurze Zykluszeiten aus. Die Anwender verfügen über ein ausgeprägtes Know-how im Herstellungsprozess, jedoch nur beschränkte Kenntnisse in der Roboterprogrammierung. Deshalb war es wichtig, die Inbetriebnahme, Konfiguration und Bedienung der Roboterzelle ohne spezielle Programmierkenntnisse durchzuführen [8].

Zu Demonstrationszwecken wurde eine beispielhafte Zelle mit einer Anwendung aus der Holzbearbeitung ausgewählt: ein Roboter mit Werkzeugwechsler, der Holzplatten mit Vakuumgreifern transportieren und Bohr- und Fräsarbeiten durchführen kann. Die Auswahl der Bearbeitungsprozesse und deren Parametrierung erfolgten durch den Anwender auf einem Bildschirm an der Station (prozessorientierte Programmierung) ohne manuellen Programmieraufwand durch Einsatz von Plug&Produce-Technologien [9].

Die Kernidee der plug&produce-basierten Systemintegration besteht darin, die Funktionalität der Geräte (intelligente Werkzeuge und Roboter) durch Skills zu beschreiben. Verwandte Attribute parametrieren diese und eine Kombination mit höherwertigen Funktionen ist möglich. Das Verfahren „DrillHole" ist ein Beispiel für die Kombination von Fertigkeiten: ein Roboter mit beweglichem Flansch (Fertigkeit „Move Programmable") und mit verschiedenen Werkzeugen (Fertigkeit „CanRotate"), verbunden mit dem Roboterflansch (Fertigkeit „CanAttach") (Abb. 9.5).

Die Geräte registrieren ihre Spezifikation bei einem zentralen Dienst („Interconnector Modules"), der die ausführbaren Prozesse aggregiert und dem Anwender über ein HMI zur Verfügung stellt. Der Anwender konfiguriert die Roboteraufgabe auf Basis der bereitgestellten Prozesse mit seinem Know-how in der Holzbearbeitung.

Die Anwendung der Roboterzelle wird für den Anwender mit minimalen Programmierkenntnissen in der Robotik erheblich vereinfacht. Lediglich auf Prozessebene muss eine Programmierung erfolgen. So kann die Zeit für eine Programmänderung durch neue Produkte oder Varianten erheblich verkürzt werden. Klassische Umbauarbeiten (Mechanik, Steuerungstechnik) können jedoch nicht eingespart werden, da die Roboterzelle eine Sondermaschine ist.

9.2.3.3 Automatische Layouterkennung: AutoPNP (fortiss, TU München)

Das vom BMWi geförderte Projekt „AutoPNP" (2011–2014) beschäftigte sich mit der Vielseitigkeit von Maschinen innerhalb des Fabriklayouts. Die Anpassung der Montagepläne an das aktuelle Werkslayout erfolgte ohne manuelle Eingriffe in die Software. Dabei wurde auch der Materialfluss zwischen den einzelnen Arbeitsplätzen berücksichtigt [10].

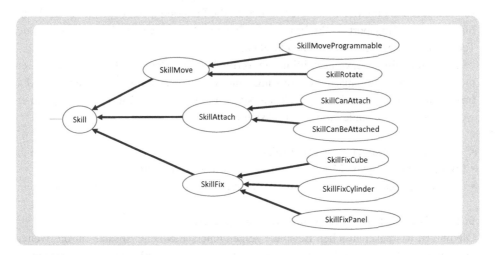

Abb. 9.5 Teil der Ontologie, die bei SMErobot™ verwendet wird, um Roboterfähigkeiten zu beschreiben und die Generierung der Gerätebeschreibung für kombinierte Geräte zu ermöglichen

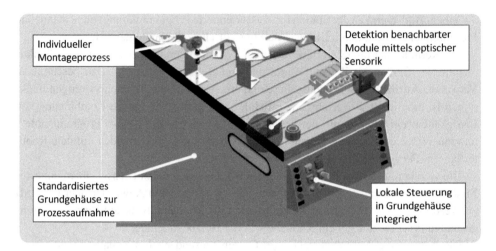

Individueller
Montageprozess

Detektion benachbarter
Module mittels optischer
Sensorik

Standardisiertes
Grundgehäuse zur
Prozessaufnahme

Lokale Steuerung
in Grundgehäuse
integriert

Abb. 9.6 Die beweglichen Arbeitsplätze können ihre Nachbarstationen mithilfe eines optischen Sensors erkennen, um ihre eindeutige Stations-ID auszutauschen, nach [11]

Die Arbeitsplätze wurden als Schiebeelemente auf einem standardisierten Träger aufgebaut. Jede Station enthielt eine eigene Steuerung (SPS) mit einer eindeutigen Stations-ID. Mit einem integrierten optischen Sensor an jedem Stationsträger war die automatische Erkennung benachbarter Stationen möglich (Abb. 9.6). Dies führte zu einer automatischen Bestimmung der Topologie und des Layouts. Der Aufbau der Kommunikation zwischen den Stationen und einem zentralen MES erfolgte durch die entwickelte Middleware CHROMOSOME [10].

Ausführbare Funktionen (z. B. Bohren, Transportieren, Testen) wurden als „Operationsprimitive" bezeichnet. Durch Kombination von Operationsprimitiven ließen sich zusammengesetzte Funktionen ableiten, wie z. B. die Funktion „Aussortieren" durch Kombination von „Transport", „Prüfung" und „Transport". Die Arbeitspläne wurden in der Terminologie dieser Funktionen beschrieben.

Die automatische Layoutermittlung in Verbindung mit dem skillbasierten Ansatz ermöglichte eine automatische Umsetzung von Arbeitsplänen mit Änderungen im Fabriklayout ohne zusätzliche Konstruktion oder Programmierung. Um das Konzept zu erweitern, wurden folgende Punkte berücksichtigt:

- Umsetzung umfassenderer Arbeitspläne
- Berücksichtigung von Maschinenzuständen, wie z. B. Störungen
- Berücksichtigung gemeinsamer Ressourcen und mehrerer vorhandener Maschinen.

9.2.3.4 Fazit aus den akademischen Beispielen

Die obigen wissenschaftlichen Beispiele zeigen unterschiedliche Ansätze für die Weiterentwicklung des heutigen Standes der Technik in rekonfigurierbaren Montagesystemen. Im Wesentlichen handelt es sich dabei um die Reduzierung von Konstruktionswerkzeugen und des notwendigen Know-hows durch Plug&Produce, die automatische Ermittlung von Fabriklayouts und die Beschreibung von Montagefunktionen auf Basis ihrer Fähigkeiten.

Die bisher entwickelten Ansätze sind in aktuellen Sondermaschinen nicht zu finden. Mögliche Gründe liegen in den Ansätzen, die sich auf einfache Montageaufgaben beschränken:

- Komplizierte Programmierung von Komponenten (Verkapselung) zur Demonstration einfacher Inbetriebnahmeabläufe mit Plug&Produce.
- Lokalisierungsroutinen, die für die Layoutermittlung geeignet, aber nicht genau genug für Handlingaufgaben sind.
- Unzureichend/nicht zufriedenstellende Industrialisierung, zum Beispiel in Bezug auf Genauigkeit, Komplexität der Aufgaben, Arbeitsplanerstellung.

9.3 Entwicklungsfelder und Potenziale für vielseitige Montagekonzepte

Bei einer Montageaufgabe wird das Konzept der Sondermaschinen mit dem der modularen verglichen. Die Kosten, die über die Phasen Design und Implementierung bis zum Produktionsstart (SOP) und anschließendem produktiven Einsatz entstehen, werden untersucht. Zur Vereinfachung wird von einer kontinuierlichen Veränderung des Handlingprozesses ausgegangen, der durch neue Varianten und Produkte hervorgerufen wird.

Die Anfangsinvestitionen für Engineering, Sourcing, Implementierung und Inbetriebnahme in modulare Maschinenkonzepte sind höher als bei Sondermaschinen (Abb. 9.7). Grund ist die geplante Flexibilität: Prozesse werden modular mit auf jedem Modul dupli-

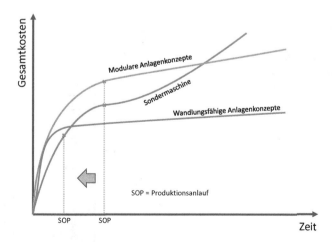

Abb. 9.7 Zeitlicher Gesamtkostenverlauf von Maschinenkonzeption vom Entwurf bis zum Betrieb, bei nicht vorhergesehenen Änderungen

zierten Komponenten wie Steuerung, Mechanik und Versorgung realisiert. Die erwarteten Einsparungen durch die Standardisierung von Schnittstellen und Funktionalität werden im laufenden Betrieb nach dem SOP wirksam. Neue Module können parallel zum Betrieb aufgebaut und dann mit kürzeren Stillstandzeiten der Montagelinie integriert werden. Die Anpassung der Software an die Maschine ist durch die standardisierte Architektur einfacher und erfordert weniger Know-how als eine Spezialmaschine. Die Analyse des Verhältnisses von Hardwarekosten zu Engineeringkosten für Design, Programmierung, Inbetriebnahme und Administration zeigt, dass es auf ein Verhältnis von 50:50 angenähert werden kann.

Durch die Standardisierung von Komponenten werden Kosteneinsparungen bei der Hardwarebeschaffung aufgrund von Volumeneffekten erwartet. Diese Einsparungen summieren sich über die Dauer mehrerer Projekte. Konservative Schätzungen erwarten Einsparungen von 20 %, was zu einer Gesamtkostenreduzierung von fünf Prozent führt (Abb. 9.8).

Innerhalb des Planungs- und Engineeringprozesses kann ein signifikanter Einfluss auf mögliche Einsparungen erzielt werden. Vor allem Bereiche mit Spezialkenntnissen wie Design, Programmierung und Inbetriebnahme erfordern Experten mit teuren Stundensätzen. Die Optimierung der bisherigen Expertentätigkeiten durch intelligente Maschinenkomponenten könnte zu einer Einsparung von 40 % führen. Berücksichtigt man auch Änderungen im laufenden Betrieb, ist das Kosteneinsparungspotenzial durch hoch wandlungsfähige Konzepte aufgrund des geringeren Änderungsaufwands im Engineering deutlich höher.

Durch die Entwicklung und den Einsatz von eigenständigen, intelligenten Funktionsmodulen mit den Fähigkeiten

Abb. 9.8 Erwartete Kostenreduzierung bei hochversatilen Systemen im Vergleich zu herkömmlichen Montagesystemkonzepten

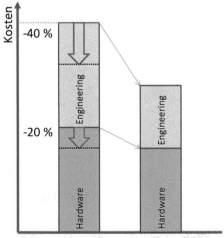

- automatische Layout- und Topologieerkennung,
- fähigkeitsbasierte Programmierung,
- selbstvernetzende Steuerungen mit Plug&Produce und
- automatische Arbeitsplanüberlegung, ausgelöst durch das Werkstück,

können komplexe Montagesysteme schneller und einfacher konfiguriert werden. Die daraus resultierenden Kosten für Planung, Engineering und Inbetriebnahme werden deutlich reduziert und so die Basis für hochflexible Montagesysteme geschaffen.

Folgende Vorteile ergeben sich aus dem Ansatz
Das Montagesystem wird auf Basis standardisierter Funktionsbausteine konfiguriert und zusammengestellt. Das Engineering wird auf Anpassungen und Konfigurationen reduziert statt auf Konstruktionstätigkeiten.

Reduzierung der Inbetriebnahmezeit
Die standardisierten Funktionsbausteine werden vom Hersteller betriebsbereit ausgeliefert. Nach dem Einbau in die Maschine wird eine automatisierte Inbetriebnahme durchgeführt, um die Integration in die Steuerungsarchitektur zu ermöglichen.

Skalierung von Ramp-up-Verläufen durch On-Demand-Automatisierung
Der Automatisierungsgrad der Maschine kann durch Anpassung der Anzahl und Art der einzelnen Funktionsmodule eingestellt werden. Dies ermöglicht die Skalierung von manuellen bis hin zu vollautomatischen Linien.

Reduzierung von Investitionsrisiken durch bedarfsgerechte Kapazitätsanpassungen
Die Einstellung des Automatisierungsgrades ermöglicht einen Betrieb nahe am optimalen Arbeitspunkt.

Reduzierung der Zeit zwischen Investitionsentscheidung und Produktionsbeginn
Die Konfiguration eines Montagesystems auf Basis standardisierter Module reduziert die Engineeringphase im Vergleich zu herkömmlichen Ansätzen erheblich. Damit verkürzt sich auch der Zeitraum zwischen Investitionsentscheidung und Produktionsbeginn. Dies ermöglicht eine genauere Definition der Maschine in Bezug auf Produktmengen und Varianten.

9.4 Beschreibung des verfolgten Ansatzes

Um die technische Machbarkeit von hochflexiblen Montagesystemen nachzuweisen, wurde ein konzeptioneller Demonstrator entwickelt. Er besteht aus autonomen Funktionsmodulen, die eine Reihe von Plug&Produce-Fähigkeiten bieten.

9.4.1 Voraussetzungen zur Erfüllung der Hypothese

Die zunächst definierten Kategorien führen zu folgenden Anforderungen:

Die Steuerung muss an den Automatisierungsgrad anpassbar sein. Der Anteil an fester Verkabelung muss reduziert werden, um die Vielseitigkeit zu maximieren. Ergänzt durch Industrie-4.0-Techniken wie Lokalisierung, Service-Registry (siehe Abschn. 5.3) und autonome Steuerungssysteme wird das notwendige Know-how für Konfiguration und Betrieb reduziert.

Dies gilt auch für die Maschinensoftware: Die konventionelle, prozedurale Programmierung muss durch ein skillbasiertes Programmiermodell ersetzt werden. Dies kapselt die Komplexität und ermöglicht eine vereinfachte Programmierung. Im Idealfall wird so die programmierintensive Inbetriebnahme einer Maschine auf eine reine Konfiguration reduziert.

Basierend auf funktionalen Modulen kann jeder Prozess implementiert werden, sofern er die Skillbeschreibungen und die Anbindung an den zentralen Service-Registry zur Bereitstellung von Administrations- und Synchronisationsfunktionen liefert.

Zudem muss das restriktive mechanische Raster der modularen Maschinen für die Integration der Funktionsmodule aufgebrochen werden. Dies zielt auf die freie Anordnung der einzelnen Funktionsmodule. Die Größe der Module muss dabei frei wählbar sein, um individuelle Prozesse realisieren zu können.

Die Anzahl der auf einem einzelnen Modul implementierten Funktionen muss so umgesetzt werden, dass eine Wiederverwendung in anderen Montagesystemkonfigurationen möglich ist.

9.4.2 Wandelbares Bedienkonzept der Montagestation

Die für die Automatisierung einer Montageaufgabe notwendigen Handhabungsfunktionen werden als mechatronische Objekte (MO) realisiert. Diese integrieren alle für den Betrieb notwendigen Funktionen wie Steuerung, Versorgung, Kommunikation und Prozess. Bei diesem Ansatz gestaltet sich die Inbetriebnahme einer Montageaufgabe folgendermaßen (Abb. 9.9):

Phase 1: Konfiguration/Einrichtung
Die für die Montageaufgabe benötigten MOs sind auf einer Grundplatte angeordnet, fixiert und verbunden. Ein interaktiver Bildschirm unterstützt den Anwender beim Einrichten bei der Festlegung der MO-Position.

Phase 2: Struktur-/Layout-Erkennung
Jedes MO führt eine Struktur- und Layouterkennung durch und meldet die Ergebnisse an die bereitgestellte Service-Registry (siehe Kap. 5). Dazu gehören die physikalische Position (Ursprung) innerhalb des Setups und technische Dateninformationen über Kommuni-

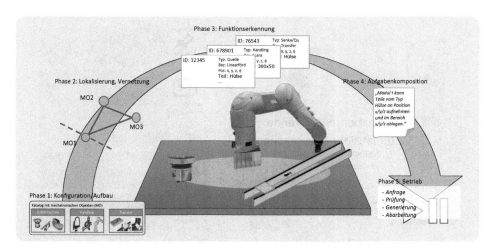

Abb. 9.9 Phasen der Inbetriebnahme einer Montageaufgabe gemäß beschriebener Vorgehensweise

kationswege und Adressierung. Die Überlagerung des Ursprungs mit Arbeitsbereichen und Arbeitspositionen führt zu den Nachbarschaftsbeziehungen eines jeden MOs.

Phase 3: Funktionskennzeichnung
Jedes MO überträgt seine virtuelle Visitenkarte an die Service-Registry. Dies umfasst die Funktionsbeschreibungen (Skills) und einzelne Parameter wie Energieprofile, Dokumentationen, Benutzerhinweise und visuelle Informationen. Diese Angaben sind optional, erhöhen aber den Bedienkomfort der Maschine.

Phase 4: Aufgabenstellung
Ein IT-Service analysiert die Fähigkeiten und das Layout aller verfügbaren MOs und wertet diese fortlaufend aus, um die ausführbaren Prozessschritte der Maschine abzuleiten.

Phase 5: Betrieb/Laufzeit
Der Arbeitsplan wird durch das Werkstück zur Maschine gebracht, z. B. über ein RFID-Medium. Der Abgleich der angeforderten Prozessschritte mit den verfügbaren generiert das Montagefolgeprogramm und stößt dessen Ausführung an. Eine Optimierung des Ablaufs kann auf Basis von Zusatzinformationen wie Energiedaten oder Durchsatz erfolgen.

Zusätzliche Mehrwertdienste wie Visualisierung, Optimierung, Datenprotokollierung und Diagnostik ermöglichen es dem Anwender sowohl das Verhalten der MOs als auch des ausgeführten Montageprozesses zu beeinflussen.

9.4.3 Technologien

Um das autonome Verhalten zu realisieren, muss jedes funktionsorientierte Automatisierungsgerät mit folgenden Technologien ausgestattet sein (Abb. 9.10):

Funktionsausführende
Automatisierungskomponente
(z. B. SCARA-Roboter, Zuführgerät,
Prozessmodule, Transfer)

Lokalisierung

Fähigkeitsbeschreibung

Verwaltung

Embedded Controller +
Peripherie

Sonstige Funktionen

Abb. 9.10 Erforderliche Technologien für ein autonomes Verhalten von funktionsorientierten Standard-Automationskomponenten für versatile Montagesysteme

Integraler Bestandteil für die automatische Programmerstellung und Reduzierung des Inbetriebnahmeaufwands ist eine **Lokalisierungstechnik**. Die räumliche Positionserfassung muss zur Ausführung von Montageaufgaben präzise genug sein, um eine automatisierte Parametrierung der Roboterprogramme zu ermöglichen. Die Netzwerkerkennung und -identifizierung muss die automatische Verbindung zum zentralen Verzeichnisdienst ermöglichen, um die automatische Anmeldung und den Datenaustausch zu erlauben.

Eine **Skillbeschreibung** erlaubt es dem Mechatronischen Objekt (MO), die bereitgestellten Prozesse über eine virtuelle Visitenkarte zu beschreiben. Vorhandene Standards bieten beispielhafte Klassifizierungen und Begriffe zur Beschreibung von Handhabungskompetenzen. Diese werden durch Parameter detailliert.

Die **administrativen Funktionen** des MO für den Betrieb werden vom Hersteller implementiert. Dazu gehören die Steuerung der Prozess-, Ablauf- und Zustandsmaschinen, Betriebszustände und Visualisierung/Benutzerinteraktion.

Der **Embedded Controller** gewährleistet die autonome Ausführung des MO-Programms und der Algorithmen. Dazu gehören die sichere Steuerung des Prozesses sowie zusätzliche Aufgaben wie Kommunikation, Plug&Produce und Lokalisierung. Innerhalb der im Konzept eingesetzten MOs wird eine mehrstufige Steuerungsarchitektur verwendet, die Mikrocontroller, Multitasking-Betriebssysteme und Kommunikationsprozessoren enthält. Die Versorgung mit Energie, Daten und Flüssigkeiten ist im Sinne einer vereinfachten Rekonfigurierbarkeit ausgelegt.

Zusätzliche Funktionen erleichtern die Bedienung der Maschine durch Informationen wie Energiedaten, Betriebsanleitungen und Anlagendokumentation.

9.5   Realisierung

Die Anwendung des Demonstrators erfolgte auf dem Forschungscampus von ARENA2036 im Rahmen des ForschFab-Projektes. Ziel der ForschFab ist es, Konzepte für Prozess und Logistik zu entwickeln, um neue Produkttypen mit einem wählbaren Automatisierungs-grad vielseitig produzieren zu können. Steuerungs- und Montagekonzepte werden auf ei-ner experimentellen Montagelinie für Autotüren analysiert.

Die realisierte Prozessstation besteht aus einer Pick-and-Place-Applikation für die Handha-bung der Schrauben des aktuell montierten Typs der Türenevormontage (siehe Abschn. 11.2). Dazu wurden drei mechatronische Objekte implementiert (Abb. 9.11):

- „MO Wendelförderer" liefert Schrauben auf einem Linearförderer
- „MO Roboter" handhabt Schrauben per Pick-and-Place
- „MO Transport" stellt einen Werkstückträger zur Verfügung, um die kommissionierten Schrauben aufzunehmen und zur nachfolgenden Prozessstation zu transportieren.

Nach der Installation und Inbetriebnahme des Aufbaus überträgt jedes MO seine virtuelle Visitenkarte über eine Ethernet-Verbindung an die Service-Registry. Ein Consumer-Dienst analysiert die verfügbaren Fähigkeiten und räumlichen Abhängigkeiten, um die verfügba-ren Montageaufgaben zu generieren.

Ein RFID-Tag am Transportsystem enthält den Arbeitsplan, der dann vom Dienst auto-matisch ausgewertet und ausgeführt wird.

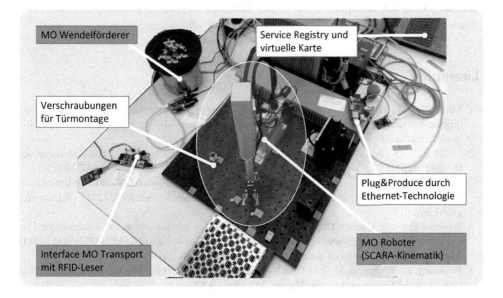

Abb. 9.11 Demonstrator zur Schraubenvorverpackung mit drei mechatronischen Objekten (MOs)

Die Einrichtung und Inbetriebnahme der Montageaufgabe kann ohne spezielle Kenntnisse erfolgen. Insbesondere sind keine Engineeringtools erforderlich. Aus Gründen der Einfachheit konnte in diesem ersten Demonstrator die Position jedes MOs auf einem Gittermuster ausgerichtet werden. Dies ermöglicht die Bewegungsfähigkeit der MOs, um eine Überschneidung mit benachbarten MOs zu erreichen.

Der Benutzer muss die Position jedes MOs manuell erfassen und in einer Steuerdatei auf dem MO speichern. Das MO „Transport" dient als Schnittstelle zur Montagelinie und liefert die kommissionierten Schraubenkits an die nachfolgende Prozessstation.

9.6   Fazit und Ausblick zukünftiger Aktivitäten

Der beschriebene Ansatz für wandelbare Montagesysteme veranschaulicht eine Vision für zukünftige Montagesysteme. Sie erweitert die konventionellen Maschinenkonzepte Sondermaschine und Modulmaschine um neue Technologien: Lokalisierung, skillbasierte Programmierung, dezentrale Steuerungsarchitektur und Modularisierung der Montagefunktionen. Damit kann im Vergleich zu herkömmlichen Ansätzen das Ziel der Reduzierung der Planungs-, Konstruktions- und Inbetriebnahmezeit erreicht werden.

Zukünftige Aktivitäten werden das Konzept weiter detaillieren und Technologien entwickeln zur automatisierten Lokalisierung, zur Präzisierung des Skillmodells, zur Implementierung eines Indexdienstes und zum Aufbau weiterer mechatronischer Objekte.

Die Arbeiten werden in Zusammenarbeit mit Partnern des ARENA2036-Konsortiums in der ForschFab durchgeführt, um die Wandelbarkeit von Montagelinien zu erhöhen. Die Schwerpunkte der weiteren Arbeiten liegen u. a. in der Skalierung des Prozessumfangs, der Steigerung der Komplexität sowie der Untersuchung der Interaktion mit dem Menschen als Gestalter.

Literatur

1. Müller R, Vette M, Hörauf L, Speicher C (2014) Cyber-physisch geprägte Montageplanungsmethoden. Auf dem Weg zu intelligenten Montageplanungsmethoden mithilfe von IT-Tools im Bereich Industrie 4.0. wt Werkstattstechnik Online 104(3):124–128
2. Lotter B, Wiendahl H-P (Hrsg) (2012) Montage in der industriellen Produktion. Ein Handbuch für die Praxis; mit 18 Tabellen, 2. Aufl. Springer Vieweg, Berlin. ISBN 978-3-642-29060-2
3. Howe J, Ladage N (2015) Industrie 4.0 – Digitalisierung bei Mercedes-Benz. Presse-Information [Online]. Sindelfingen. http://media.daimler.com/marsMediaSite/ko/de/9272047. Zugegriffen am 01.09.2017
4. Wissenschaftliche Dienste Deutscher Bundestag. Zur Diskussion um die Verkürzung von Produktlebenszyklen. https://www.bundestag.de/resource/blob/438002/42b9bf2ae2369fd4b8dd119 d968a1380/wd-5-053-16-pdf-data.pdf. Zugegriffen am 25.06.2019
5. Feldmann K, Schöppner V, Spur G (2014) Handbuch Fügen, Handhaben, Montieren – Edition Handbuch der Fertigungstechnik. Hanser, München, S 439

6. Litto M et al (2004) Baukastenbasiertes Engineering mit Föderal: Ein Leitfaden für Maschinen- und Anlagenbauer. VDMA, Frankfurt am Main
7. Arai T et al (2000) Agile assembly system by „plug and produce". In: CIRP annals 2000: manufacturing technology: annals of the international institution for production engineering research. Hallwag, Berne, S 1–4
8. Naumann M, Wegener K, Schraft RD (2007) Control architecture for robot cells to enable plug'n'produce. In: Proceedings of the IEEE international conference on robotics and automation: Roma, Italy, 10–14 April, 2007, IEEE, Pitscataway, S 287–292
9. Naumann, et al (2006) Robot cell integration by means of application-P'n'P. In: Proceedings of the joint conference on robotics: ISR 2006, 37th international symposium on robotics and robotik 2006, 4th German conference on robotics; proceedings 2006, VDI, Düsseldorf, S 93–94
10. Keddis N, et al (2013) Towards adaptable manufacturing systems. In: 2013 IEEE International Conference on Industrial Technology (ICIT), S 1410–1415
11. Keddis N, Kainz G, Zoitl A (2014) Capability-based planning and scheduling for adaptable manufacturing systems. In: 2014 IEEE Emerging Technology and Factory Automation (ETFA), S 1–8

Wandlungsfähige Montagetechnik

10

Thomas Stark, Artur Klos und Matthias Müller

Zusammenfassung

Die Veränderung der Automobilproduktion macht sich insbesondere im Bereich der Montagetechnik und Betriebsmittel der automobilen Endmontage bemerkbar. Es gilt eine grundlegende Wandlungsfähigkeit in den Produktionsstrukturen zu schaffen und daraus Zielsysteme und Anforderungen für zukünftige Betriebsmittel abzuleiten. Ausgehend von diesen theoretischen Überlegungen soll im nachfolgenden Kapitel ein Leitbild zukünftiger Automobilproduktionen, sowie dessen zugehörige Gestaltungsmethoden entwickelt und präsentiert werden. Die Gestaltungsmethoden adressieren dabei insbesondere die Betriebsmittel der Füge-, Logistik- und Montageprozesse und deren soziotechnische Systeme in einer Automobilendmontage.

10.1 Grundlagen des Erzeugens struktureller Wandlungsfähigkeit in der Fahrzeugproduktion

Um die Grundlagen der Wandlungsfähigkeit in der Fahrzeugproduktion zu klären, ist ein Werkzeug zur Quantifizierung der Wandlungsfähigkeit zu definieren, um die Wandlungstreiber und Wandlungsbefähiger als wesentliche Aspekte der Wandlungsfähigkeit miteinander in Verbindung zu setzen. Die Wandlungstreiber sind dabei äußere Einflüsse auf das Produktionssystem, die eine Wandlung erforderlich machen. Identifizierte Wandlungstreiber sind:

T. Stark (✉) · A. Klos · M. Müller
Daimler AG, Sindelfingen, Deutschland
E-Mail: thomas.stark@daimler.com

© Springer-Verlag GmbH Deutschland, ein Teil von Springer Nature 2020
T. Bauernhansl et al. (Hrsg.), *Entwicklung, Aufbau und Demonstration einer wandlungsfähigen (Fahrzeug-) Forschungsproduktion*, ARENA2036,
https://doi.org/10.1007/978-3-662-60491-5_10

- Starke Stückzahlveränderung
- Veränderung des Variantenportfolios
- Veränderung des Variantenmixes
- Veränderung der Fertigungstechnologie
- Kostendruck
- Verfügbarkeit von geeignetem Personal
- Verlagerung der Produktion und Märkte
- Änderung der Gesetze und Normen
- Änderung der Produktionsphilosophie
- Mangelnde Verfügbarkeit von Ressourcen

Die Wandlungsbefähiger sind Merkmale eines Produktionssystems, die dessen Wandlung ermöglichen. Hierbei wurde auf eine in der Literatur verbreitete Definition zurückgegriffen und die Wandlungsbefähiger Universalität, Mobilität, Skalierbarkeit, Modularität, Kompatibilität und Neutralität gewählt [2]. Um ein Produktionssystem mit Blick auf dessen Wandlungsfähigkeit bewerten zu können, müssen die konkret das Produktionssystem betreffenden Wandlungstreiber mit der Ausprägung der Wandlungsbefähiger in Verbindung gesetzt werden.

Hierzu wurde ein Fragenkatalog entwickelt, der Fragen nach der Wandlungsfähigkeit des Produktionssystems enthält. Diese Fragen sind jeweils einem Wandlungstreiber und Wandlungsbefähiger zugeordnet. Zur Erarbeitung dieser Fragen wurde die aus dem Kaizen bekannte 5M-Methode angewendet, um systematisch alle relevanten Aspekte des Produktionssystems zu erfassen [1]. Dies ermöglicht zudem eine Zuordnung der einzelnen Fragen zu verschiedenen Verantwortungsbereichen innerhalb eines Unternehmens. Abb. 10.1 zeigt schematisch die Beziehung jeder Frage zu einem Wandlungstreiber, Wandlungsbefähiger und einer Domäne der 5M.

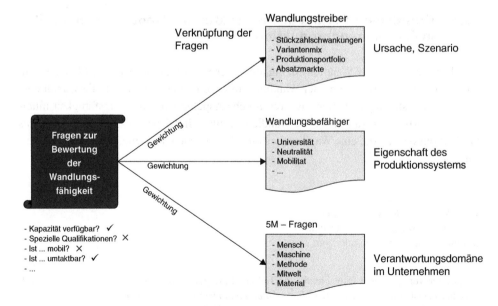

Abb. 10.1 Fragenkatalog zur Wandlungsfähigkeit

Da die Anforderungen bezüglich Wandlungsfähigkeit und der mögliche Lösungsraum je nach Sichtweise auf die Fabrik stark unterschiedlich sind, sollte ein individueller Fragenkatalog für die Ebenen Fabrik, Linie und Station erstellt werden. Die einzelnen Kataloge bestehen aus geschlossenen Fragen, die durch Fachleute für das Produktionssystem beantwortet können.

Mithilfe einer Bewertungssystematik können verschiedene Kennzahlen bestimmt werden, etwa:

- Der Wandlungsfähigkeitsindex bezüglich der Treiber WFI(T) beschreibt, wie gut das Produktionssystem auf die relevanten Wandlungtreiber reagieren kann.
- WFI(B) gibt die generelle Wandlungsfähigkeit des Produktionssystems unabhängig vom Vorliegen einzelner Wandlungtreiber an.
- Eine Auswertung bezüglich der 5M erlaubt, die Zuordnung der Wandlungsfähigkeit zu einzelnen Domänen des Produktionssystems zu bestimmen.

Diese Kennzahlen können als Quantifizierung der Wandlungsfähigkeit dienen. Für eine transparente Darstellungsform ist weiterhin der Mehrwert einer wandlungsfähigen Produktionslösung nachvollziehbar auszuweisen und monetär zu bewerten. Dieses Vorgehen kann im Detail für die Bewertung von Montagesystemen in Kap. 3 nachgelesen werden.

10.2 Zielsysteme und Anforderungen an künftige Fahrzeugproduktionen

In der Fahrzeugproduktion sind zunächst die übergreifenden Ziele für ein wandlungsfähiges Produktionssystem zu sammeln. Aus Sicht des OEMs (Original Equipment Manufacturer) konnten folgende Anforderungen identifiziert werden:

- Die Produktion beherrscht die technische Komplexität ohne produktseitige Einschränkungen (z. B. Standardisierung)
- Der Karosseriebau kann leicht auf sich ändernde Materialkonzepte angepasst werden
- Die Lackierung ist multisubstratfähig (beherrscht alle Materialien und Oberflächen)
- Die Endmontage beherrscht die sich aus den alternativen Antrieben ergebene Varianz
- Die Produktion ist in der Stückzahl skalierbar und variantenflexibel
- Die Anlagen produzieren in jedem Betriebspunkt wirtschaftlich
- Rekonfiguration von Anlagen innerhalb 1 Stunde
- Alle Prozesse sind ohne spezifische Qualifikation durch den Maschinenbediener zu leisten
- Intuitive Bedien- und Programmierkonzepte erlauben eine Einarbeitungszeit kleiner eine Stunde
- Barrierefreie Fabrik ohne technische Monumente
- Anlagen sind schlank und voll ausgelastet (amortisieren sich in weniger als einem Jahr)

- Verfügbarkeit 100 % durch selbstoptimierende (lernende) Anlagen
- Durchlaufzeit entspricht Fertigungszeit (keine Puffer etc.)
- Geradeauslauf 100 %, keine Nacharbeit

Diese Ziele können im Folgenden auf die Linien und Stationsebenen untergliedert werden. Anhand des in Unterkapitel 1 beschriebenen Fragenkatalogs, können die vorhandenen Fragen in Ziele übersetzt werden. Die Methode zur Bewertung der Wandlungsfähigkeit über den Fragenkatalog kann in Folge der Praxiserfahrungen verfeinert werden, um die Verständlichkeit und den Bewertungsschlüssel an die Betrachtungsebene anzupassen. Dies fördert neben der plakativen Wirkung der Endnote besonders die inhaltliche Diskussion und führt damit zu wertvollen Beiträgen in einem wandlungsfähigen Prozess. Weiterhin ist eine Übertragbarkeit auf verschiedene Applikationen in Rohbau und Montage zu prüfen, um einerseits den systematischen Einsatz durch eine zentrale Organisationseinheit zu erreichen oder andererseits eine automatisierte Durchführung zu erzielen, z. B. über eine webbasierte Applikation, die von den Experten der jeweiligen Anwendung auszuführen ist.

10.3   Darstellung des Leitbilds künftiger Fahrzeugproduktionen

Durch die Synchronisation der wesentlichen Elemente einer wandlungsfähigen Fahrzeugproduktion kann die Übersicht einer modulareren Fabrik in Abb. 10.2 als Leitbild definiert werden. Vor dem Hintergrund schwankender Produktionszahlen durch mehr Baureihen und Derivate sowie alternative Antriebe und neue Leichtbauwerkstoffe und einer somit steigenden Komplexität und Varianz wird ein modularer Produkt- und Produktionsansatz verfolgt.

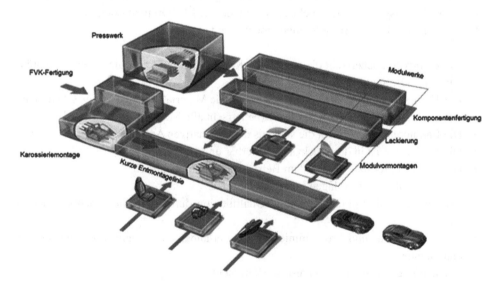

Abb. 10.2 Übersicht modularer Fabrikaufbau

Die Aufteilung der bisherigen Gewerkestruktur (Presswerk, Rohbau, Oberfläche, Endmontage) impliziert Modulwerke mit eigener Lackierung (Offline-Lackierung). Ohne Tro-
ckenöfen einer zentralen Inline-Lackierung ist somit die Möglichkeit gegeben, Leichtbauwerkstoffe wie CFK (carbonfaserverstärkter Kunststoff) in der Struktur einzusetzen. Die
konsequente Modularisierung des Produkts liefert die Möglichkeit, Varianz und Taktzeitsprei-
zung von der Hauptlinie in Nebenlinien (Vormontagen) zu verlagern. Um die erwartete Varianz der alternativen Antriebe zu berücksichtigen wird in Abb. 10.3 ein Bodenmodulkon-
zept beschrieben, das Bauteilumfänge von Hauptboden, Heckboden und Ersatzradmulde
umfasst. Es soll zudem alle zum Antrieb des Fahrzeugs notwendigen Umfänge beinhalten.
Ziel ist es, die übrige Karosserie sowie die Prozesse in der Montagehauptlinie von jeglicher
Antriebsvarianz zu befreien.

In Verbindung mit der Umkehrung der bisherigen, traditionellen Montagereihenfolge,
d. h. der Montage des Antriebs zu Beginn der Endmontage, eröffnet sich die Möglichkeit,
in großen Teilen der Endmontage die Fähigkeit der Fahrzeuge zum autonomen Selbst-
transport zu nutzen. Es kann so auf fest installierte Fördertechnik und fest verkettete Anlagen verzichtet werden.

Von der exemplarischen Fabrik ist eine weitere Ausarbeitung der Grundprinzipien
auf Linien und Stationen zu übertragen. Das in die Leitbilddiskussion eingebrachte Zielbild einer modularen Leichtbaufahrzeugproduktion gilt es nun, auf Basis der Nebenlinien (Vormontage) zu präzisieren. Konkret gilt es die Fragen zu beantworten, wie in den

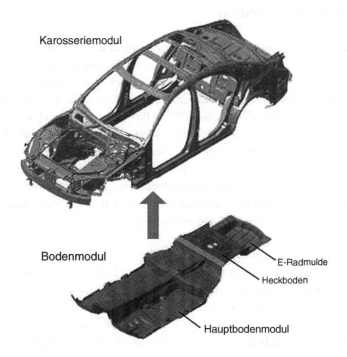

Abb. 10.3 Karosserieumfänge des Bodenmoduls

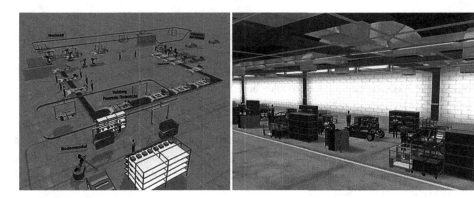

Abb. 10.4 Prozessmodule der wandlungsfähigen Fahrzeugproduktion

Nebenlinien mit der dorthin verlagerten Varianz umgegangen werden soll und wie dort auf Wandlungstreiber wie neue Technologien und Stückzahlschwankungen reagiert werden soll. Schwerpunkte werden hierbei u. a. skalierbare Automatisierungskonzepte, universelle Greif- und Vorrichtungskonzepte, die modulare Skalierbarkeit und der autonome Werkstück- und Materialtransport sein (vgl. Abb. 10.4).

10.4   Gestaltungsmethoden für eine wandlungsfähige Fahrzeugproduktion

Eine Konvergenz von Produkt- und Produktionsanforderungen im Laufe des Entwicklungsprozesses im Automobilbau ist mit komplexen Randbedingungen im Fertigungsprozess verknüpft. Die Vielzahl der Anforderungen stützt sich einerseits auf die Basis heutiger Fahrzeuge im aktuellen Produktionsumfeld und andererseits auf die Basis zukünftiger Fahrzeugkonzepte und deren Anforderungen an die wandlungsfähige Produktion. Bei den einzelnen Komponenten und Anlagen einer wandlungsfähigen Produktion ist zwischen den Füge-, Montage, und Logistikprozessen und den zugehörigen Betriebsmitteln zu differenzieren. Am Beispiel eines Bodenmoduls (Bauteiltrennung, Umfang, Fügetechnik etc.) werden die Gestaltungsprinzipien aufgezeigt, die als Eingangsgröße für Spezifikationsvorgaben herangezogen werden können. Weiterhin wird betrachtet, wie die Organisation und der Mensch die Wandlungsfähigkeit eines Produktionssystems unterstützen und fördern können.

Füge-, Montage- und Logistikprozesse
Mit dem Ziel einer möglichst einfach konfigurierbaren Fabrik sind u. a. folgende Themenbereiche verknüpft: skalierbare Automation (verwandte Lösungen für unterschiedliche Stückzahlen und Lohnniveaus: manuelle Applikation, Teilautomatisierung, Vollautomatisierung), Mensch-Roboter-Kollaboration, Schutzzaunlosigkeit, sinnvolle Teilmechanisierung, mobile Robotik, Mehrarmigkeit von Robotern, universelle Werkzeuge, Produktions-

und Prozessmodule, Plug&Produce, wandelbare Logistik (autonomer Transport, mobile Lager, intelligente Ladungsträger), einfache Inbetriebnahme (IBN)/Bedienung (Gestensteuerung, mobile, tragbare Devices, einfache HMI).

Zur Konkretisierung, wie in der Vormontage mit Teilevarianz und Stückzahlschwankungen nach der Modularisierung des Produktes umgegangen werden soll, sind am Beispiel der Cockpit-Vormontage der aktuellen S-Klasse folgende Rückschlüsse offengelegt: Die Betrachtungsgrenzen erschließen sich über Konzeptentwicklung, Bewertung, Vergleich, Simulation und Kostenkalkulation auf Basis einer Auflösung von fester Verkettung durch autonomen Werkstücktransport, flexibler Fördertechnik durch den Einsatz von FTS, mobiler Robotik sowie paralleler Boxenfertigung mit variantenspezifischen, skalierbaren Boxen. Die Konzeptentwicklung sieht verschiedene innovative Organisationsformen von parallelen Kurzlinien mit FTS-basiertem Werkstücktransport und Linienanbindung über parallele Boxenfertigung bis hin zu freier Montage im Supermarkt vor. Die Auswirkungen z. B. auf Verfügbarkeit, Kosten, Logistik/Materialbereitstellung, Fläche und Erweiterbarkeit auf verschiedene Typen und Skalierbarkeit von Stückzahlen kann in einem bewertenden Vergleich differenziert werden.

Ein weiterer Ansatzpunkt die Wandlungsfähigkeit zu erhöhen ist es, die Montage wie einen Verbrauchermarkt zu organisieren. Der Idee liegt die Beobachtung zugrunde, dass im Verbrauchermarkt die Kunden ihren Einkaufswagen ganz unterschiedlich füllen – sowohl was die Diversität der Produkte (Varianz) als auch was deren Menge (Fertigungsinhalt) angeht. Auch die Frage nach der Anzahl der Kunden im Markt (Taktzeit) stellt in einem gut organisierten Verbrauchermarkt keine Schwierigkeit dar. Die Schlange an der Kasse kann unberücksichtigt bleiben. Das „Greifen des Produktes und Ablegen in den Einkaufswagen" wiederum entspricht dem oftmals in Vormontagen zu beobachtenden Prinzip vom „Greifen und direkt durch Clipsen verbauen".

Das Intralogistikkonzept auf Basis eines Verbrauchermarktes im Einzelhandel wurde auf die Fertigungsprinzipien im industriellen Umfeld übertragen. Dabei wurden die wesentlichen Grundelemente eines Verbrauchermarktes in die Betrachtung einbezogen, wie beispielsweise die Bereitstellung eines Vollsortiments in einfachen Regalen oder Großladungsträgern ohne feste Fördertechnik. Dies erlaubt während des Transports von Station zu Station das aufgenommene Bauteil direkt zu montieren. Bei der konzeptionellen Formulierung des Montageprinzips wurden auf Basis der Prinzipien des Einzelhandels sechs Grundbausteine erarbeitet, die das Gesamtbild des Fertigungsprinzips beschreiben. Ebenso wurden die vier grundlegenden Fertigungsprinzipien nach Wiendahl [3] auf ihre Tauglichkeit für ein modernes Montagesystem bewertet. Die Ausplanung am Beispiel einer Türenvormontage umfasste die wegeoptimierte Entwicklung eines quantifizierten Layouts, das als „Travelling Salesman Problem" formuliert und mit einer angepassten Form des heuristischen Dreiecksverfahren nach Schmigalla zu lösen ist.

Im Vergleich zu den vier Grundformen der Fertigungsprinzipien nach Wiendahl [2] handelt es sich bei dem entwickelten Verbrauchermarktprinzip um eine Mischform, die sich keiner Grundform klar zuordnen lässt, sich aber mit einer deutlich besseren Bewertung in der Nutzwertanalyse für eine wandlungsfähige Türenvormontage eignet. Das Konzept lässt sich weiterhin ohne größere Anpassungen im Layout in bestehende Montagelinien integrieren. Die Simulation in Plant-Sim ergab, dass bei drei exemplarischen Baureihen sich theoretisch, je nach Geschwindigkeit des „Einkaufswagens", eine Auslastung der Mitarbeiter von bis zu 97 % und eine Reduzierung der Durchlaufzeit um bis zu 74 % erreichen lässt.

Betriebsmittel

Wandlungsbefähigende Betriebsmittel sind hinsichtlich ihrer technischen Entwicklung, der Methode, der Organisation und ihres zeitlichen Umsetzungshorizonts zu bewerten und spezifizieren. Als Beispiel eines wandlungsfähigen Betriebsmittels diente ein synchron zum Mitarbeiter im Fahrzeuginnenraum arbeitsfähiger Kleinroboter auf einem kontinuierlich fahrenden Fahrzeug (Themenfelder: MRK, autonomer Werkstücktransport, Montage auf Rädern, Vermeidung von Festeinbauten und Puffern, mobile Robotik etc.). Das klassische Steuerungskonzept durch SPS wurde durch ein neuartiges, serverbasiertes Steuerungskonzept unterstützt. Ziel ist ein Steuerungskonzept, das flexibel und skalierbar ist. Inhaltlich ist eine Serverlösung zielführend, wenn die Quantität der Robotersysteme steigt. Zudem könnte ein bestehendes Hallennetz als Infrastruktur genutzt werden. Jedoch bestehen heute noch Einschränkungen durch sicherheitstechnische Aspekte. Verfügbare Robotersysteme benötigen eine SPS-basierte Steuerung, beispielsweise für die Kopplung der Anlagen-„Not-Aus"-Funktionen. Ein weiterer Ansatz ist die Zusammenarbeit von Mensch und Kleinroboter. Im Fokus stehen der inhaltliche Umfang und die Art der Kommunikation sowie die geeignete Darstellung der Dialoge einschließlich der Hardware. Grundsätzlich ist bei der Konkretisierung und Übertragbarkeit von wandlungsfähigen Betriebsmitteln immer das Anforderungsprofil mit dem OEM abzustimmen. Wichtigster Aspekt ist stets der konkrete Nutzen. Zielbilder der Anwendung sollten zur inhaltlichen Unterstützung immer ihre Wirtschaftlichkeit nachweisen.

Ein Beispiel für einen rekonfigurierbaren Modulbaukasten für die wandlungsfähige Fahrzeugendmontage ist das Entwicklungssystem VaMoS (Variables Montagesystem). Ausgehend von einer Analyse der aktuellen Gegebenheiten in der Fahrzeugendmontage wurden die passenden und notwendigen Wandlungsbefähiger ausgewählt und konkretisiert. Darauf aufbauend wurden einzelne Bausteine des Baukastens vor allem unter den Gesichtspunkten Modularität, Automatisierbarkeit und Umrüstbarkeit entwickelt. Das Ergebnis ist ein Baukasten, auf dessen Basis beliebige Lösungen für eine Fahrzeugendmontage konfiguriert und bereits daraus bestehende VaMoS-Anlagen rekonfiguriert werden können. Es ist möglich, aus den einmalig entwickelten Modulen Anlagen mit nahezu beliebigem Automatisierungsgrad zu konfigurieren (Abb. 10.5).

VaMoS-Anlagen können beispielsweise eine einfache Mitfahrplattform zum bandsynchronen Werkertransport, eine Montageanlage zur Mensch-Roboter-Kooperation im Fließbetrieb oder auch eine vollautomatisierte Anlage mit Kleinrobotern sein. Die Modularität des Systems stellt den wichtigsten Wandlungsbefähiger dar, der es ermöglicht, auf jede vorhersehbare und unvorhersehbare Änderung des Produktionsumfelds reagieren zu

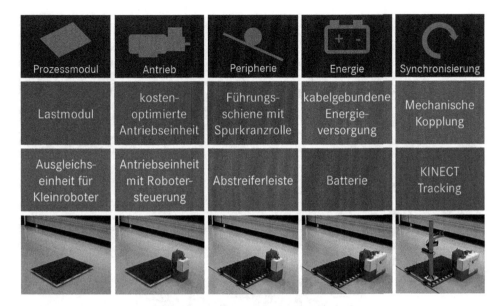

Prozessmodul	Antrieb	Peripherie	Energie	Synchronisierung
Lastmodul	kosten-optimierte Antriebseinheit	Führungs-schiene mit Spurkranzrolle	kabelgebundene Energie-versorgung	Mechanische Kopplung
Ausgleichs-einheit für Kleinroboter	Antriebseinheit mit Roboter-steuerung	Abstreiferleiste	Batterie	KINECT Tracking

Abb. 10.5   Module des VaMoS (Variables Montagesystem)

können. Durch die Rekonfigurierbarkeit der einzelnen Module kann die Anlage an neue Gegebenheiten bei Funktionalität oder Abmessungen mit den vorentwickelten Modulen angepasst werden. Im Fall einer unvorhersehbaren Änderung, auf die nicht durch den bestehenden Modulkatalog reagiert werden kann, kann dieser durch eine Neuentwicklung einzelner Module erweitert werden. Investitionen werden somit erst dann erforderlich, wenn diese tatsächlich benötigt werden. Dies geht mit der allgemeinen Definition von Wandlungsfähigkeit einher [3] (Abb. 10.6).

Das soziotechnische System
Da der Erfolg eines Unternehmens davon abhängt, wie es als soziotechnisches System funktioniert, wird im Folgenden die Frage beantwortet, wie die Organisation und der Mensch die Wandlungsfähigkeit eines Produktionssystems unterstützen und fördern können. Hierzu wurden die aus der Technik bekannten fünf primären Wandlungsbefähiger nach Wiendahl et. al. auf die Gestaltungsfelder „Mensch" und „Organisation" übertragen (Abb. 10.7).
Es wurden Eigenschaften des Menschen und der Organisation formuliert, wie sie zur Wandlungsfähigkeit beitragen:

- Universität: Mensch erfüllt unterschiedlichste Anforderungen und kann für verschiedenste Aufgaben eingesetzt werden
- Mobilität: Mensch ist räumlich innerhalb des Unternehmens uneingeschränkt bewegbar
- Skalierbarkeit: Durch Hinzufügen und Hinwegnehmen des Menschen kann die Leistung des Systems erweitert oder eingeschränkt werden (personelle Atemfähigkeit)

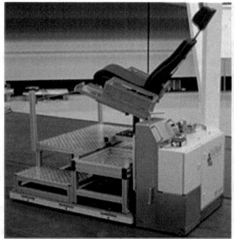

VaMoS.ErgoDrive   VaMoS.KINECT

VaMoS.LBR

Abb. 10.6 Beispiel für den rekonfigurierbaren Modulbaukasten VaMoS

- Modularität: Mensch kann durch verschiedenartige Komponenten bereichert und da-durch quasi modular erweitert werden. / Die Organisation besteht aus Arbeitsgruppen, deren Bestandteile (= Menschen) ausgetauscht und somit an unterschiedliche Anforderungen angepasst werden können.
- Kompatibilität: Mensch ist mit unterschiedlichen Systemanforderungen verknüpfbar.

Für jeden dieser definierten Wandlungsbefähiger sind in Abstimmung mit dem strategischen Personalbereich notwendige Voraussetzungen und entsprechende Maßnahmen definiert. Am Beispiel der Kompatibilität des Menschen (entspricht Mitarbeiter) sind dies etwa:

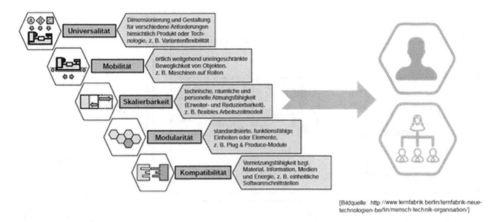

[Bildquelle: http://www.lernfabrik.berlin/lernfabrik-neue-technologien-berlin/mensch-technik-organisation/]

Abb. 10.7 Mensch-Technik-Organisation

- weitestgehend standardisierte Arbeitsverträge
  - Arbeitsort sowie
  - Arbeitszeit unbestimmt und daher anpassbar an unterschiedliche Systeme
- Betriebsvereinbarungen und Organisationsanweisungen, die nur noch Rahmen- und Randbedingungen beschreiben, keine standort- und werksspezifischen Vereinbarungen
- Standardanweisungen in einer einheitlichen Unternehmenssprache.

Die vorgeschlagenen Ansätze für wandelbare Montagesysteme stellen eine Zukunftsvision für die Wertschöpfungskette in der Fahrzugproduktion dar. Im Vergleich zum herkömmlichen Vorgehen kann bei einer ganzheitlichen Betrachtung die Effizienz im Entwicklungs- und Realisierungsprozess gesteigert werden. Die Umsetzung erfolgt in Zusammenarbeit mit den Partnern des ARENA2036-Konsortiums in der ForschFab. Die verfolgten Technologieansätze werden in zukünftigen Aktivitäten weiter aufgegriffen und optimiert.

10.5 Organisationslayout einer wandlungsfähigen Forschungsproduktion

Die Organisation einer Forschungsproduktion konnte am Beispiel der Gebäudeplanung des ARENA2036-Neubaus aufgezeigt werden, da hier Betriebsflächen, Flächenaufteilung, Büroflächen, Verkehrswege und Infrastruktureinrichtungen zu definieren waren. In die Diskussion um Flächen, Layout und Nutzungsanforderungen wurden die Erkenntnisse aus den vorangehenden Kapiteln für wandlungsfähige Fahrzeugproduktion eingebracht. Diesem Zielbild entsprechend konnte ein Layout nach Abb. 10.8 in die Planung der Forschungsfabrik ARENA2036 eingebracht werden:

Ein solches Layout bietet ausreichend Platz für die geplanten Prozessmodule: Karosseriemontage, Aufbau Bodenmodul, Vormontage Bodenmodul, Verlobung, Hochzeit, Rädermontage sowie Montage auf Rädern. Die Wahl von sechs Stationen für die Montage auf

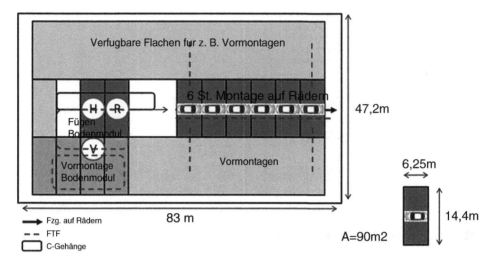

Abb. 10.8 Layoutvorschlag für ARENA2036-Neubau

Rädern orientiert sich am Platzbedarf einer prototypischen Fahrzeugproduktion. Der Entwurf bietet darüber hinaus genügend Flächen, um wandlungsfähige Vormontagen zu gestalten. Ohne feste Fördertechnik ist ein großer Teil der Fläche vielseitig nutzbar und bietet für alle Forschungspartner auch in Zukunft Gestaltungsmöglichkeiten.

Literatur

1. Imai M (1997) Gemba Kaizen. Wirtschaftsverlag Langen Müller/Herbig, München
2. Nyhuis P, Fronia P, Pachow-Frauenhofer J, Wulf S (2009) Wandlungsfähige Produktionssysteme: Ergebnisse der BMBF-Vorstudie Wandlungsfähige Produktionssysteme. wt Werkstattstechnik online 99(4):205–210
3. Wiendahl H-P (2002) Wandlungsfähigkeit: Schlüsselbegriff der zukunftsfähigen Fabrik. wt Werkstattstechnik online 92(4):122–127

Praxisbeispiele der ARENA2036   11

Thomas Dietz und Manuel Fechter

Zusammenfassung

Die Forschungsarbeiten der ARENA2036 wurden an realitätsnahen Anwendungsbeispielen aus dem Kontext der Automobilproduktion validiert. Hierzu diente ein Anwendungsfall aus der Türenmontage An diesem lassen sich die Herausforderungen einer volatilen Nachfrage, hohen Variantenvielfalt, wie aber auch Komplexität der Bauteilgeomtrien und Fügeprozesse gut abbilden. Die Untersuchungen betreffen alle bereits eingeführten Einzeltechnologien und -entwicklungen der vorhergehenden Kapitel. Die eingangs erwähnten Kriterien zur Überprüfung der Vorteile eines neuartigen Produktionskonzeptes wurden als Bewertungsmaßstab herangezogen.

Im Kontext der industriellen Produktion ist insbesondere die nahtlose und robuste Integration verschiedener Komponenten, Anlagen und Softwaresysteme erfolgsentscheidend. Forschung darf sich daher nicht allein auf die Entwicklung innovativer Einzeltechnologien konzentrieren, sondern sollte vor allem das Zusammenspiel verschiedener Forschungsfelder im Sinne eines systemischen Ansatzes explorieren. Die ARENA2036 setzt diesen Gedanken im Ansatz der Forschungsfabrik um. Die Forschungsfabrik strebt an, sämtliche Ergebnisse in ein realitätsnahes Produktionsszenario zu integrieren und in diesem die Kombination und Vernetzung der Systeme zu erproben. Hierbei können einerseits gegenseitige Abhängigkeiten und Inkompatibilitäten gezielt erforscht werden und andererseits der Prozess der Systemintegration fokussiert betrachtet werden. Durch die Evaluation der

T. Dietz · M. Fechter (✉)
Fraunhofer Institut für Produktionstechnik und Automatisierung IPA, Stuttgart, Deutschland
E-Mail: manuel.fechter@ipa.fraunhofer.de

© Springer-Verlag GmbH Deutschland, ein Teil von Springer Nature 2020   131
T. Bauernhansl et al. (Hrsg.), *Entwicklung, Aufbau und Demonstration einer wandlungsfähigen (Fahrzeug-) Forschungsproduktion*, ARENA2036,
https://doi.org/10.1007/978-3-662-60491-5_11

Technologien in einem integrierten Anwendungsszenario ergeben sich darüber hinaus realistischere Ergebnisse in Bezug auf die erreichbaren Leistungseigenschaften, da die Technologien nicht isoliert betrachtet, sondern im realitätsnahen Zusammenspiel untersucht werden.

Das Projekt ForschFab der ARENA2036 hat zur Evaluation der eingesetzten Technologien zwei Fertigungsszenarien definiert. Das erste Demonstrationsszenario untersucht eine neuartige Antriebsmontage, bei der die Variantenkomplexität aus der Hauptlinie in vorgelagerte Zulieferlinien ausgelagert wird. Das betrachtete Produkt baut dabei auf dem vom Projekt LeiFu untersuchten, funktionsintegrierten Bodenmodul auf. Das Szenario dient in erster Linie der Definition neuer Fertigungskonzepte und deren Evaluierung durch Simulation.

Im folgenden Abschnitt werden die beiden Anwendungsszenarien und die darin erzielten Ergebnisse vorgestellt.

11.1   Bodenmodulmontage

Abb. 11.1 zeigt das Montageszenario und die unterschiedlichen Teilschritte für das integrierte Bodenmodul. Die Antriebsmontage auf dem Bodenmodul (1–4) und die Fertigung der eigentlichen Karosserie (5) erfolgt getrennt voneinander. Ziel der Trennung ist, dass die eigentliche Antriebsmontage nicht innerhalb der Hauptlinie erfolgen muss und somit parallel zur Hauptlinie erfolgen kann. Wie in Abschn. 10.3 beschrieben ist das Ziel der ForschFab die Hauptlinie von jeglicher Antriebsvarianz zu befreien. So können verschiedene Antriebsvarianten mit unterschiedlichen Anforderungen an den Montageinhalt in voneinander unabhängigen Zulieferlinien montiert werden. Bei der Antriebsmontage erfolgt zunächst eine Nachbearbeitung (1) des Bodenmoduls zur Herstellung der benötigten Montageflächen. Danach werden Komponenten auf dem Bodenmodul (2) und an der Unterseite des Bodenmoduls (3) montiert. Ziel ist es, alle direkt für die Montage und Inbetriebnahme des Antriebs notwendigen Komponenten in das Bodenmodul einzubringen. Im Anschluss erfolgt der Prozess der „Verlobung" (4). Hierbei werden die Antriebskomponenten montiert, z. B. Energiespeicher, Motor, Getriebe. Bei der Verlobung ist hervorzuheben, dass bereits alle Antriebskomponenten in Betrieb genommen und getestet wurden. Das so montierte Bodenmodul mit Antrieb und das Karosseriemodul wird in der „Hochzeit", ähnlich der heutigen Automobilfertigung, montiert. Anschließend erfolgt eine Vorbereitung des Fahrzeugs für die Endmontage (7). In der Endmontage kann das Fahrzeug nun autonom oder mithilfe eines FTF durch die Produktion fahren. Die beschriebene flexible Verkettung ohne Band und Takt wird somit ermöglicht

Das Szenario wurde hinsichtlich der Anforderungen an die Produktionsmittel untersucht. Anhand dieser Untersuchungen wurden die in den vorangehenden Kapiteln ausgeführten Konzepte für die einzelnen Betriebsmittel, Softwarekomponenten und Methoden erarbeitet und umgesetzt. Da über einen langen Zeitraum im Projekt der neuartige, funktionsintegrierte Unterboden physisch nicht verfügbar war, wurde aus praktischen Gründen für die Demonstration und Validierung der entwickelten Technologien ein Szenario aus

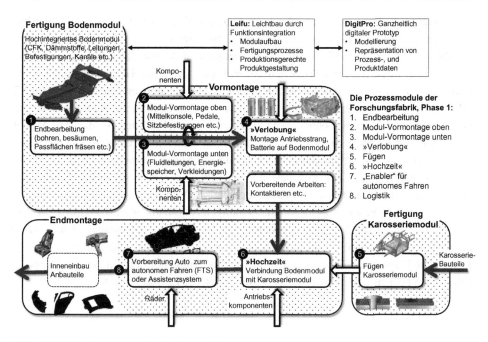

Abb. 11.1 Fertigungsszenario Bodenmodul

der Türenvormontage ausgewählt. Bei diesem Szenario treten vergleichbare Problemstellungen wie bei der Bodenmodulmontage auf. Ebenso konnten die entwickelten Technologien an diesem Beispiel bereits zu einem frühen Zeitpunkt in der Praxis evaluiert und mit bestehenden Technologien der konventionellen Montage (existierende Montagelinie im Werk) verglichen werden. Die Erprobung der Technologie und die Übertragbarkeit der für die Bodenmodulmontage entwickelten Betriebsmittel auf die Türenmontage unterstreicht darüber hinaus die hohe Wandlungsfähigkeit und Generalität der erforschten technischen Ansätze.

11.2 Türenvormontage

Das Szenario der Türenvormontage wurde gewählt, um schnell und mit realisierbarem Aufwand die im Rahmen des Projekts erforschten Technologien im Zusammenspiel zu testen. Die Fertigung einer Fahrzeugtür bietet sich an, da die Türe zahlreiche für die Automobilfertigung erforderlichen Prozesse und Bauteilarten repräsentiert und die Komplexität der Montageprozesse in der Automobilproduktion gut widerspiegelt. Die Türe enthält bspw. Montageumfänge an Exterieur- und Interieurkomponenten, crashrelevante Strukturen, Elektronik, Feinmechanik und das Fügen biegeschlaffer Bauteile (bspw. Kabel, Schläuche). Somit können zahlreiche Produktionstechnologien am Beispiel der Türenvormontage erprobt und validiert werden. Ziel der Untersuchung war eine Skalierung der Produktionskapazität und die Demonstration verschiedener Füge-

und Montageprozesse, z. B. das Fügen von Türmodulen mit Schraub- und Nietverbindungen sowie die Abbildung zugehöriger Logistikprozesse.

Abb. 11.2 zeigt den Aufbau der Türvormontage und die einzelnen, bereits in den vorangegangenen Kapiteln beschriebenen Technologien. Kern der Türenvormontage ist die Fixierung der Türinnenmodule an die bereits lackierte Rohbautüre und die Montage zugehöriger Exterieur- und Interieurkomponenten. Dies erfolgt durch die in Kap. 6 beschriebenen, wandlungsfähigen Robotersysteme im Zusammenspiel mit dem Werker. Die Verkettung der einzelnen Prozessmodule und die Materialbereitstellung aus dem Lager erfolgen über fahrerlose Transportfahrzeuge (FTF). Die direkte Materialanstellung an der Montagestation erfolgt durch das in Kap. 8 beschriebene miniaturisierte Hochregallager, das seine Bauteile aus einem automatisierten Kleinteilelager (AKL) bezieht. Fügehilfsmittel werden mit dem in Kap. 9 beschriebenen wandlungsfähigen Automatisierungsbaukasten vorkommissioniert und an den Montageort geliefert. Die verschiedenen Montagesysteme werden über die Gelben Seiten der Produktion (siehe Kap. 5) softwareseitig miteinander verknüpft. Die Planung des Fabriklayouts sowie die Gestaltung der Produktionsstrukturen erfolgt anhand der in Kap. 4 beschriebenen Methoden der Fabrikplanung.

Abb. 11.2 Illustration der wandlungsfähigen Türmodulmontage der ARENA2036

11.2.1 Aufbau und Inbetriebnahme

Die einzelnen Prozessmodule werden individuell bei den jeweiligen Partnern entwickelt, getestet und für den angedachten Anwendungsfall in Betrieb genommen. Details hierzu finden sich in den vorangehenden Kapiteln. Hierauf aufbauend erfolgt die Gesamtintegration in den vorgestellten Produktionsablauf (Abb. 9.3). Das geplante Layout wurde hierzu auf dem Boden vermessen und angezeichnet. Es war beabsichtigt, dass der Aufbau der Module sehr wenig Zeit in Anspruch nimmt, da bei allen Installationen auf eine passive Ortsflexibilität geachtet wurde. Aufgrund des Einsatzes intelligenter Sensorik für die Lokalisierung der Komponenten und intuitiver Programmierverfahren kann der Produktionsablauf schnell und unkompliziert trotz Ungenauigkeiten der Positionierung der einzelnen Module im Gesamtlayout in Betrieb genommen werden. Räumliche Abweichungen in der Positionierung im Layout werden während der Inbetriebnahme detektiert und entweder durch den Menschen oder durch eine Anpassung der Software korrigiert. Der mechanische Aufbau und die Inbetriebnahme des Anwendungsfalls ist mit 5 Personen innerhalb einer Stunde möglich. Abb. 11.3 illustriert den Ablauf der Anordnung und Inbetriebnahme der Komponenten in der ARENA2036.

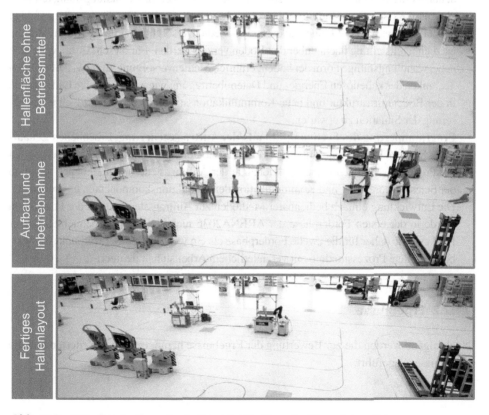

Abb. 11.3 Ablaufbeschreibung des Aufbaus der Umfänge der Türmodulmontage

Folgende Erkenntnisse wurden während der Inbetriebnahme für zukünftige Entwicklungen gewonnen:

- **Vermessung und Lokalisierung des Groblayouts im Hallenkontext**: Im Vergleich zum eigentlichen Aufbau verursachte speziell die Einmessung des geplanten Produktionslayouts in der Halle einen erheblichen Zeitaufwand. Dabei ist diese Tätigkeit für die Inbetriebnahme der Produktion nicht direkt wertschöpfend. Es werden zukünftig bessere Methoden und Werkzeuge zur räumlichen Integration und Referenzierung der Betriebsmittel in einen größeren Bezugskontext wie bspw. eine Produktionsfläche benötigt. Diese Erfahrung deckt sich mit der Notwendigkeit eines „Digitalen Schatten", wie er in der zweiten Förderphase der ARENA2036 für alle geometrischen Objekte im Bezugsrahmen eines Produktionssystems angedacht ist.
- **Medienversorgung**: Einen erheblichen Zeitaufwand während der Inbetriebnahme nimmt die Versorgung der einzelnen Exponate mit elektrischer Energie und weiteren Verbrauchsmedien in Anspruch. Zwar verfügt das Gebäude der ARENA2036 über ein System von Bodentanks für die Medienversorgung. Das Raster skaliert jedoch nicht fein genug für die Versorgung der Aufbauten in einem Montageanwendungsfall. Zudem behindern die Bodentanks die Installation der Betriebsmittel und schränken die Wandlungsfähigkeit eher ein, als dass sie den wandlungsfähigen Aufbau unterstützen. Für die wandlungsfähige Montage sollte daher auf eine deckenseitige Medienversorgung zurückgegriffen oder die Medienbereitstellung flächig über den Boden verteilt werden. Für diesen Ansatz wäre eine neue, wandlungsfähige Form der bodengeführten Medienversorgung zu entwickeln. Durch Techniken der kabellosen Energie- und Datenübertragung wie z. B. induktive Lademodule in der Bodeninfrastruktur und neue Kommunikationsstandards ist zukünftig eine Verbesserung der Situation zu erwarten.
- **Programmierung des Fertigungsablaufs/der Auftragssteuerung**: Erheblichen Zeitaufwand verursachte die Definition des Fertigungsablaufs. Die verwendeten Gelben Seiten der Produktion besitzen keine Funktionalität der Auftragssteuerung und dienen lediglich der Selbstbeschreibung und Kommunikation der Produktionskomponenten untereinander. Die Entwicklung einfach bedienbarer Methoden zur Auftragssteuerung in der Produktion wurde in der ersten Förderphase der ARENA2036 nicht ausreichend betrachtet. Dieser Punkt wurde daher für die zweite Förderphase als ein wesentlicher Schwerpunkt für flexibel verkettete Prozessmodule mit veränderlichem Arbeitsinhalt definiert.

11.2.2 Ergebnisse

Nachfolgend werden die zur Bewertung der Ergebnisse herangezogenen Kriterien und die Ergebnisse ausgeführt.

11.2.2.1   Evaluierungskriterien

Zur Evaluierung der erreichten Ziele wurden sechs Zielkriterien für die Projekte der ARENA2036 definiert, die nachfolgender Aufzählung entnommen werden können:

1. Reduktion der Teilezahl, messbar z. B. in der Anzahl der eingesetzten Bauteile.
2. Reduktion der Komplexität der Produktionsprozesse, messbar z. B. durch die Anzahl der unterschiedlichen Produktionsschritte.
3. Reduktion der Durchlaufzeit pro Produktionseinheit um 40 %.
4. Einsparung der Produktionsfläche, messbar z. B. durch den spezifischen Flächenbedarf je Produktionseinheit Eine Reduktion um 15 % wird avisiert.
5. Skalierbare Automation durch Mensch-Maschine-Kooperation, messbar z. B. in den Produktionskosten pro Produktionseinheit bei stark schwankenden Stückzahlen.
6. Ressourceneffizienz, messbar z. B. durch Daten aus einem Life-Cycle-Assessment, nicht nur in Bezug auf Fahrzeugbetriebskosten, sondern auch in Bezug auf Produktionsaufwendungen.

Die Kriterien betreffen dabei nicht nur die Einzelziele der ForschFab, sondern insbesondere das Zusammenspiel der Verbundprojekte LeiFu, DigitPro und ForschFab. So können die beiden ersten Ziele nicht von ForschFab beeinflusst und beantwortet werden, da die Umfänge in der Hoheit der Produkt- und Prozessentwicklung liegen und in der Implementierung und Validierung der Türenvormontage nicht betrachtet wurden.

11.2.2.2   Reduktion der Durchlaufzeit pro Produktionseinheit um 40 %

Neue Fabrikkonzepte sollen logistische Rationalisierungspotenziale eröffnen. Zur Bewertung hat sich die Kennlinientheorie bewährt.

- Zunächst sind logistische Potenziale schrittweise zu erschließen; hier werden üblicherweise die Handlungsfelder Fertigungssteuerung, Disposition (Produktionsplanung) sowie Fabrikgestaltung (Fabrikplanung und Fertigungstechnologie) betrachtet.
- Im Rahmen der operativen Steuerung sind so gewonnene Potenziale gemäß der logistischen Zielprioritäten durchzusetzen.

Eine „Montage ohne Band und Takt" eröffnet neue Freiheitsgrade für die Fertigungssteuerung; gemäß der Unterscheidung in Abb. 4.2 sind diese der Fabrikgestaltung zugeordnet.

Die qualitative Darstellung über die Kennlinientheorie verdeutlicht, dass diese neuen Freiheitsgrade der Operationsreihenfolgesteuerung und Arbeitsverteilung grundsätzlich eine höhere Auslastung (bzw. Durchsatz) und/oder reduzierte Reichweiten (bzw. Durchlaufzeiten) ermöglichen. Erreicht wird dies durch geringere Umlaufbestände in der Produktion. Im Grundsatz erscheint die angestrebte Zielsetzung einer Durchlaufzeitreduzierung je Produktionseinheit erreichbar.

Zur Durchsetzung der so eröffneten logistischen Potenziale sind zwei Aspekte zu beachten:

- Einerseits hängt die konkrete Durchlaufzeitreduzierung von der gewählten logistischen Zielpriorität ab. Die Kennlinientheorie beweist, dass eine gleichzeitige Optimierung von widersprüchlichen logistischen Zielgrößen nicht möglich ist, vielmehr ist eine Positionierung (mit einhergehender Zielpriorisierung) erforderlich. Somit kann das eröffnete Logistikpotenzial vollständig für eine Durchlaufzeitverkürzung genutzt werden; es ist aber auch möglich, es zur Auslastungserhöhung zu verwenden. Hierbei bestimmt die logistische Wettbewerbsposition des Unternehmens die sinnvolle Priorisierung der Logistikziele.
- Andererseits reicht für die Durchsetzung der logistischen Potenziale das reine Nachführen der Steuerungsparameter (hier v. a. Soll-Durchlaufzeiten für die Auftragseinplanung sowie Soll-Umlaufbestände für die Auftragsfreigabe) nicht aus, da die Steuerung neue Freiheitsgrade zur Verfügung hat. Klassische Steuerungsverfahren beherrschen diese Freiheitsgrade nicht, vielmehr sind hier neue zu entwickeln.

Weitergehende Untersuchungen zeigen außerdem, dass das Durchlaufzeitpotenzial stark von der gewählten Betrachtungsgrenze des Produktionssystems abhängt: Viele OEMs reduzieren ihre Montagedurchlaufzeiten zu Lasten von Puffern in der Bereitstellung. Ursache hierfür ist die geteilte Verantwortung von Montage und Bereitstelllogistik und das im Vergleich bessere Durchsetzungsvermögen im Konfliktfall. Dementsprechend zeigt eine reine Montagebetrachtung deutlich geringere Durchlaufzeitpotenziale als die an sich notwendige, gemeinsame Betrachtung der Montage- und Bereitstelllogistikprozesse. Hier gilt es also, auch die Bereitstelllogistik systematisch in die Betrachtung mit einzubeziehen, um für das Gesamtsystem realistische Potenziale und sinnvolle Verbesserungen aufzuzeigen.

11.2.2.3 Einsparung der Produktionsfläche um 15 %

Produktionsfläche[1] ist in heutigen Fahrzeugproduktionen knapp und wertvoll. Insbesondere durch die gestiegene Zahl der Derivate und Technologievarianzen in der Fertigung und die damit einhergehende Steigerung der angestellten Materialmenge ergibt sich ein erheblicher Druck zur effektiven Nutzung der verfügbaren Produktionsfläche. Durch die hohe Variantenzahl findet heute zunehmend eine externe Kommissionierung von Materialien in bandnahen Bereichen statt (Set-Bildung). Dieser Ansatz erhöht den Flächenverbrauch und bringt zusätzliche, nicht wertschöpfende Prozesse der Handhabung mit sich. Zwar führt der in ForschFab verfolgte Ansatz der Modularisierung der Fertigung zu einer leichten Steigerung der direkt in der Produktion benötigten Fläche. Um einen aussagekräftigen Vergleich zu bekommen sollte der Flächenbedarf jedoch unter Berücksichtigung vorgelagerter Logistikflächen erfolgen (Abb. 11.4).

---

[1]Zu messen z. B. durch den spezfischen Flächenbedarf je Produktionseinheit.

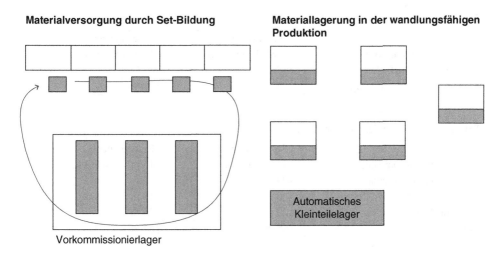

Materialversorgung durch Set-Bildung

Materiallagerung in der wandlungsfähigen Produktion

Vorkommissionierlager

Automatisches Kleinteilelager

Abb. 11.4 Materialversorgung durch Vorkommissionierung (links) und Materialversorgung mit Riegelkonzept (rechts)

Das zentrale Konzept für die Materialversorgung in ForschFab ist das Riegelkonzept (siehe Kap. 8). Der Platzbedarf für den Riegel am Montageort beträgt beim Einsatz von zwei Lagereinheiten und einem Regalbediengerät ca. 5 × 3 m. Demgegenüber steht der zu Unterbringung der Sets notwendige Materialstreifen von ca. 1 m Breite. Der Flächenbedarf des modularisierten Systems ist aufgrund der erforderlichen Fahrwege am Kopfende jedes Moduls zur Realisierung einer beliebigen Verkettung um ca. 40 % höher. Im Bereich des vorgeschalteten Lagers kann durch die höhere Lagerdichte und den Entfall der Notwendigkeit von Kommissionierarbeitsplätzen hingegen Platz eingespart werden. Es wird davon ausgegangen, dass durch den Entfall der Arbeitsplätze ca. 50 % der Lagerfläche eingespart werden kann. Zusammenfassend ergeben sich folgende Zahlen (Tab. 11.1):

Bei einem angenommenen Produktionsraster von 5 × 4 m = 20 m^2 ohne Materialstreifen und einem angenommenen Verhältnis von Produktionsfläche zu Vorlagerfläche von 1:1 ergeben sich folgende Einsparungen (Tab. 11.2):

11.2.2.4 Skalierbare Automation durch Mensch-Roboter-Kollaboration

Die Produktionskosten setzen sich aus den einmaligen Anschaffungskosten für Produktionsmittel und den sich daraus ergebenden Kapitaldienstkosten sowie den variablen Betriebskosten (Maschinenbetriebskosten, Personalkosten, Schulungskosten) zusammen.

Je nach Montageart ergeben sich unterschiedliche Ausprägungen von einerseits hohen fixen und niedrigen variablen Kosten bei der vollautomatischen Montage hoher Stückzahlen, bis hin zu niedrigen fixen und hohen variablen Kosten bei der rein manuellen Montage.

Die Mensch-Roboter-Kollaboration (MRK), nachfolgend auch hybride Montage genannt, bietet insbesondere im Anforderungsbereich schwankender, kleinerer bis mittlerer Stückzahlen einen Spielraum für kostengünstige Montagelösungen. Die bedarfsgerechte

Tab. 11.1 Vergleich der Platzbedarfe

	Set-Bildung	Riegelkonzept
Benötigter Platz am Band	5 m² (5 m × 1 m)	15 m² (5 m × 3 m)
Zusätzlicher Platzbedarf	0 %	40 %
Platz im vorgelagerten Lager	100 %	50 %

Tab. 11.2 Vergleich der Einsparungen

	Set-Bildung	Riegelkonzept
Benötigter Platz am Band	5 m² (5 m × 1 m)	15 m² (5 m × 3 m)
Zusätzlicher Platzbedarf	0 m²	8 m²
Platz im vorgelagerten Lager	20 m²	10 m²
Platz für Module	20 m²	20 m²
Summe	45 m²	53 m²

Tab. 11.3 Vergleich der Stückkosten zwischen manueller, hybrider und vollautomatischer Montage

	Erforderliche Ausbringung pro Stunde	Kosten je Produktionseinheit					
		Manuelle Montage		Hybride Montage (MRK)		Vollautomatische Montage	
Niedrige Kapazität	15	1 Werker	1,28 €	1 Werker + 1 Roboter	2,18 €	1 Automat	2,47 €
Plankapazität	60	2 Werker	0,64 €	1 Werker + 1 Roboter	0,55 €	1 Automat	0,62 €
Überkapazität	120	4 Werker	0,64 €	2 Werker + 1 Roboter	0,43 €	1 Automat	0,31 €

Kollaboration zwischen Mensch und Roboter erhöht den Rahmen der Flexibilität und Produktivität bei gleichzeitig reduzierten Stückkosten aufgrund geringerer Kapitaldienstkosten im Vergleich zur Vollautomatisierung. In Verbindung mit einer schlanken Inbetriebnahme und intelligenten Automatisierung lassen sich weitere Kostenpotenziale durch eine einfache Inbetriebnahme und eine schnelle Rekonfiguration der Montagestationen heben.

Allen getroffenen Annahmen beruhen auf dem Ansatz modularer, flächenbeweglicher Prozessmodule, die in kurzer Zeit dynamisch zu neuen Produktionseinheiten zusammengesetzt werden können. Die Betrachtung der Produktionskosten erfolgt in drei Szenarien – der manuellen, hybriden und vollautomatischen Montage an identischen Arbeitsinhalten (Tab. 11.3).

Es wird deutlich, dass sich der Einsatz der hybriden Montage schon bei Planstückzahl gegenüber einer manuellen Montage auszahlt. Bei einer weiteren Erhöhung der Produktionszahlen werden die wirtschaftlichen Vorteile umso deutlicher. Gerade bei einer unsicheren Ausgangslage, hinsichtlich sich wandelnder Stückzahlen, bietet die hybride Montage somit eine gute Alternative.

Der zusätzliche Anschaffungspreis einer weiteren Anlage, bspw. bei einer erforderlichen Verdoppelung der Stückzahlen, fällt zudem bei der hybriden Montage deutlich geringer aus, als bei einer vollautomatischen Anlage. Dies liegt insbesondere darin begründet, dass die technische Komplexität der hybriden Anlage geringer ausfällt, als eine vollautomatische Anlage, vergleichbarer Ausbringung und aufwendige Detaillösungen im Bereich des Sondermaschinenbaus vermieden werden können.

Hintergründe und Annahmen der Berechnung
Es wird davon ausgegangen, dass eine vollautomatische Anlage existiert, die den kompletten Arbeitsinhalt einer Tür von 120s abbilden kann. Eine Einschränkung der Arbeitsteilung und Unterscheidung der Prozesszeiten zwischen Mensch und Maschine findet nicht statt – beide Ressourcen der Handhabung sind in der Lage alle Aufgaben in der gleichen Zeit auszuführen. Eine Auflistung der einzelnen Arbeitsinhalte des betrachteten Montageumfangs kann in Tab. 11.5 nachgelesen werden. Beim hybriden Arbeitsplatz (MRK) wird von einer gleichmäßigen Arbeitsteilung zwischen Mensch und Roboter ausgegangen.

Es soll von einem Planszenario von 60 Bauteilen pro Stunde ausgegangen werden, welches in zwei Szenarien gewandelt werden soll. Ein Jahr besitzt 245 Arbeitstage zu je 2 Schichten, was eine jährliche Planstückzahl von 235.200 Produkt bedingt.

Das erste Szenario umfasst die Veränderung der Stückzahl durch einen Einbruch der Nachfrage um 75 % auf 58.800 Einheiten, das zweite Szenario betrachtet eine Verdoppelung der Produktion durch gestiegene Nachfrage auf 470.400 Einheiten.

Die Produktionskosten von Roboteranlagen werden mit einem Kostensatz von 3 € je Betriebsstunde angesetzt. Manuelle Arbeitsstunden sind mit 40 €/h angegeben und werden entsprechend des Arbeitsinhaltes der erforderlichen Produktionsmenge berechnet.

Die vollautomatische Anlage ist so ausgelegt, dass sie das maximale Produktionsvolumen von 120 Einheiten pro Stunde fertigen kann. Die hybride Anlage ist in der Lage maximal 60 Einheiten pro Stunde zu fertigen (Flexibilitätsvorhaltung während der Planung).

Berechnungsgrundlagen
Die Abschreibung der Kosten einer Roboteranlage erfolgt linear auf 6 Jahre (Tab. 11.4 und 11.5).

Tab. 11.4 Berechnungsgrundlagen der Kostenabschätzung

Bezeichnung	Leistungsdaten
Werkerkosten pro Jahr	75.000 €
Arbeitstage pro Jahr	245
Werkerkosten pro Stunde	40 €
Betriebskosten Roboter pro Stunde	3 €
Anschaffungskosten hybride Anlage (MRK)	250.000 €
Ausbringung hybride Anlage	60 Einheiten/h
Anschaffungskosten vollautomatische Anlage	800.000 €
Ausbringung vollautomatische Anlage	120 Einheiten/h

Tab. 11.5 Arbeitsinhalte der
Prozesskette

Bezeichnung des Prozessschritts	Arbeitsinhalt
Gesamte Montage	120 s
Einsetzen Türinnenmodul	20 s
Verschrauben Türinnenmodul	45 s
Einsetzen Türgriff	20 s
Verschrauben Türgriff	10 s
Verkabelung Türinnenmodul	25 s

11.2.2.5 Steigerung der Ressourceneffizienz

Die Bewertung der effizienten Nutzung von Produktionsressourcen, wie Maschinen und Einrichtungen (MAE), erfolgt im Rahmen der ForschFab durch die Betrachtung der Wirtschaftlichkeit. Für die wandlungsfähige Gestaltung der Komponenten rücken die folgenden Aspekte in den Vordergrund:

1. Kosten und Einsparpotenziale der **Entwicklung, Konstruktion** sowie **Programmierung** im Vergleich zu konventionellen Automatisierungslösungen
2. Kosten verbunden mit der **Reaktion** auf neue **Produktionsanforderungen** im Vergleich zu konventionellen Automatisierungslösungen
3. Einsparpotenziale durch die **Wiederverwendung** von MAE und Abschreibungsverfahren

Aufgrund der Besonderheit des Forschungscharakters der betrachteten Produktionsanlage (Einsatz von Prototypen) kann lediglich eine Abschätzung und Tendenz der Kosten erfolgen. Die Konkretisierung erfolgt dabei anhand des beschriebenen Anwendungsszenarios der Türmodulmontage der Forschungslinie.

Auf den ersten Blick erscheinen konventionelle Montagelösungen kostengünstiger. Die für die Automatisierung eines Prozesses erforderlichen Komponenten, wie beispielsweise Handhabungseinrichtungen, Zuführtechnik, Steuerungstechnik, Sicherheitstechnik und Anlageninfrastruktur sind prinzipiell sowohl bei der konventionellen wie auch der wandlungsfähigen Montagelösung erforderlich. Durch das Vorhalten einer breit gefassten Universalität der MAE, beispielsweise die Modularisierung der Anlagentechnik mit vorab definierten mechanischen und elektrischen Schnittstellen, die eine spätere Nutzungsänderung der Automatisierungsanlagen über die zu Projektbeginn geplante Flexibilität hinaus ermöglichen, entstehen initial höhere Kosten.

Treten keine Stückzahländerungen über diesen angedachten Flexibilitätsvorhalt hinaus auf, so war der finanzielle Mehraufwand umsonst. Änderungen der Anlagentechnik, wie etwa die Adaption der Handhabungstechnik auf neue Produkte, führen jedoch zu konstruktiven Mehraufwänden, die im Extremfall zu Neukonstruktion und Austausch von Anlagenteilen führen. Im Gegensatz zu konventionellen Lösungen automatischen Montage sind diese Änderungen bei wandlungsfähigen Systemlösungen kostengünstiger zu implementieren, wodurch sich der Kostenvorteil mit steigender Änderungsintensität und -frequenz erhöht. Darüber hinaus kann die Investition in wandlungsfähige Systemlösungen über die Opportunitätskosten aufgrund von Anpassungsbedarfen motiviert werden (Abb. 11.5).

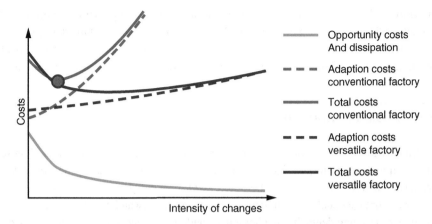

Abb. 11.5 Wirtschaftliches Leitbild der wandlungsfähigen Produktion in der Forschungsfabrik

Ein unterschätzter Kostenfaktor sind Opportunitätskosten durch die unzureichende Ausschöpfung der Restlebensdauer der MAE. Nach heutigem Stand ist die Wiederverwendung gebrauchter MAE im industriellen Umfeld nicht üblich. Dies hat verschiedene Gründe:

4. **Lebenslauf**: Meist ist der Zustand der Hardware unbekannt So kann beispielsweise bei mechanischen Systemen ohne aufwendige Messungen keine Aussage über den Grad der Abnutzung und den Zustand der Systeme getroffen werden. Zwar existieren in einzelnen Fällen Betriebsdaten, jedoch geben diese meist keine Auskunft über die tatsächlichen Lastspiele der verwendeten Komponenten. Aufgrund des unbekannten Verschleißes ist daher keine garantierte Lebensdaueraussage mehr möglich.
5. Die lückenlose **Dokumentation** von ausgeführten Wartungen der MAE ist aufgrund verschiedenster Dokumentationssysteme nicht immer gewährleistet.
6. Die Versorgung mit Ersatzteilen, das Leisten von Support und die Existenz von geschulten Mitarbeitern ist aufgrund des oft fortgeschrittenes Alters gebrauchter MAE kritisch einzuschätzen
7. Insbesondere bei größeren Unternehmen, aber auch über die Grenzen von Unternehmen hinweg, ist der **Informationsaustausch** zu gebrauchten, nicht mehr im Einsatz befindlichen MAE nicht immer gegeben, was deren Wiederverwendung zusätzlich erschwert.
8. **Administrative Prozesse** erschweren die Weiterverwendung: Beispielhaft hierfür ist der Übertrag der Eigentumsrechte bei der Weitergabe von MAE verbunden mit der finanziellen Möglichkeit von steuerlich relevanten Abschreibungen

Insbesondere wandlungsfähige Anlagenkonzepte, wie die im Rahmen von ForschFab entwickelten Betriebsmittel, ermöglichen die Wiederverwendung von Komponenten über den erstmalig angedachten Einsatzzweck hinaus. Durch eine Modularisierung und technische Universalität der Systeme sowie transparente Datenhaltung über einen einheitlichen Verzeichnisdienst ergibt sich eine bessere Aussagefähigkeit zum Zustand der Systeme und zu möglichen Wiederverwendungsmöglichkeiten. Dadurch eröffnet sich ein Potenzial für langfristige Kostenreduktionen im Vergleich zu konventionellen Anlagenkonzepten.

11.3   Zusammenfassung

Mit den entwickelten Technologien konnten insbesondere die Aufwände zur mechanischen Installation und steuerungstechnischen Integration heterogener Montage- und Produktionssysteme deutlich reduziert werden. Hierdurch wurde es möglich, automatisierte und teilautomatisierte Montagen zukünftig mit deutlich geringerem Aufwand zu rekonfigurieren. Somit kann in der Fertigung deutlich schneller auf Veränderungen der Nachfrage und produzierten Stückzahlen reagiert werden. Im Bereich der unterstützenden Technologien und der Nutzung von Synergien durch den Einsatz wandlungsfähiger Anlagenkonzepte bestehen weitere Entwicklungsbedarfe, die im Rahmen der zweiten Förderphase adressiert werden.

Zusammenfassung und Ausblick

12

Manuel Fechter und Thomas Dietz

Zusammenfassung

Das folgende Kapitel befasst sich mit den erreichten Zielen der ersten Phase der wandlungsfähigen Forschungsproduktion der ARENA2036. Ebenso wird ein Fokus auf weiterführende Arbeiten in der zweiten Förderphase gelegt. Hierbei geht es insbesondere um identifizierte Herausforderungen, zu erreichende Ziele und deren zugehörige Technologien, die die Arbeiten der kommenden Jahre maßgeblich prägen werden. Der Mensch als zentrales Organ einer rekonfigurierbaren, mitunter komplexen Produktion steht dabei im Mittelpunkt der Betrachtungen. Ein menschzentriertes Produktionssystem aus cyber-physischen Modulen soll entwickelt, aufgebaut und in Betrieb genommen werden, mit dem Ziel die Komplexität in der Produktion beherrschbar zu machen und die Zeitaufwände der Inbetriebnahme und Planung von Produktionssystemen weiter zu reduzieren.

12.1 Zusammenfassung der Arbeiten aus ForschFab

Die Freiheitsgrade einer wandlungsfähigen Fahrzeugproduktion wurden in der ersten Projektphase vor allem für das Gewerk der Endmontage näher untersucht. Zur Validierung wurde das beschriebene Praxisbeispiel der Türenmontage aufgebaut und im Rahmen des Forschungsprojektes erprobt und validiert. Es galt Aussagen zu belegen, worin die neuen Fertigungskonzepte die Komplexität der Varianten und Produktionsprozesse, sowie die Durchlaufzeiten je Produktionseinheit reduzieren. Durch den Einsatz skalierbarer Automatisierung sollte die Produktionskosten je Einheit reduziert und die Ressourceneffizienz

M. Fechter (✉) · T. Dietz
Fraunhofer Institut für Produktionstechnik und Automatisierung IPA, Stuttgart, Deutschland
E-Mail: manuel.fechter@ipa.fraunhofer.de

© Springer-Verlag GmbH Deutschland, ein Teil von Springer Nature 2020
T. Bauernhansl et al. (Hrsg.), *Entwicklung, Aufbau und Demonstration einer wandlungsfähigen (Fahrzeug-) Forschungsproduktion*, ARENA2036,
https://doi.org/10.1007/978-3-662-60491-5_12

der Produktion gesteigert werden. Weiterhin war eine Einsparung der genutzten Fläche inklusive der Logistik in der Produktion im Fokus der Arbeiten.

Zur Erreichung des Projekterfolges wurden mehrere Forschungsschwerpunkte parallel betrachtet. Die Einzelergebnisse können den Kap. (3, 4, 5, 6, 7, 8, 9, 10 und 11) entnommen werden. Namentlich zu nennen sind eine Methodik zur Bewertung der Wandlungsfähigkeit eines Produktionssystems im Anwendungsfall der Automobilmontage, eine Methode zur Planung der freien Verkettung ortsveränderlicher Prozessmodule in einem Flächenlayout der Automobilproduktion, ein Ansatz zur Modellierung der wandlungsfähigen IT-Infrastruktur mittels Komponentenverzeichnisdienst sowie ein Einsatz zur Planung wandlungsfähiger Robotersysteme mit intelligenter Arbeitsteilung zwischen Mensch und Roboter.

Weiterhin zu nennen sind neuartige Logistikkonzepte zur Beherrschung der Variantenvielfalt in der Endmontage, der Einsatz von Fahrerlosen Transportfahrzeugen (FTF) als universelle Betriebsmittel der Verkettung, Methoden und Ansätze der schnellen Parametrierung und Inbetriebnahme von Montageobjekten (Plug&Produce), sowie der Einsatz wandlungsfähiger, sich rekonfigurierender Montagetechnik.

Obwohl die Konzepte und Technologien explizit für das Gewerk der Montage entwickelt und validiert wurden, können sie in ihrer Ausprägung auch auf andere Gewerke der Automobilproduktion übertragen werden. Eine Überprüfung der spezifischen Eignung ist dabei von Anwendungsfall zu Anwendungsfall zu überprüfen.

12.2   Ausblick fluide Fahrzeugproduktion (FluPro)

Die Ergebnisse der Forschungsfabrik fließen unmittelbar in die zweite Phase der Produktionsforschung in der ARENA2036 ein. Das Konsortium konnte hierfür um weitere Technologiepartner und Systemlieferanten erweitert werden und besteht nun aus 18 Partnern.

Die bereits in *ForschFab* beschriebenen Randbedingungen einer Produktion unter wachsenden externen Einflüssen und stetigem Konkurrenzdruck bleiben weiterhin bestehen und sind aktueller denn je. Die Entwicklung der Mobilität der Zukunft stellt insbesondere Automobilhersteller und -zulieferer vor tiefgreifende Herausforderungen in der Beherrschung der vorhandenen Komplexität bei gleichzeitig hoher Dynamik in den Produktions- und Entwicklungsprozessen. Ein Schwerpunkt der zweiten Phase wird auf der Implementierung eines menschzentrierten Produktionssystems liegen, das den Facharbeiter in der Produktion in den Mittelpunkt der Auslegung, der Inbetriebnahme und des Betriebs eines Produktionssystems stellt.

Die Automobilproduktion der Zukunft und die darin arbeitenden Menschen werden sich permanent an geänderte Rahmenbedingungen anpassen müssen, um sich ändernde Kundenbedarfe erfüllen und um im internationalen Wettbewerb bestehen zu können. Die Vision des Projekts „Fluide Produktion" (*FluPro*) umfasst daher die Entwicklung, den Aufbau, die Freigabe, den Betrieb und die Erforschung eines Produktionssystems, das komplett aus cyberphysischen Systemen (CPS) besteht. Diese lassen sich ortsflexibel und dynamisch zu Maschinen kombinieren sowie intuitiv konfigurieren und parametrieren.

Hierdurch wird es möglich, Entscheidungen, die heute Tage oder teils sogar Monate vor dem Zeitpunkt der Wertschöpfung getroffen werden müssen, erst unmittelbar vor dem Zeitpunkt der Wertschöpfung zu treffen.

Durch die gewonnenen Freiheitsgrade kann das Produktionssystem schnell auf Anforderungsänderungen reagieren, jederzeit und ohne Unterbrechung der Produktion neue Produktvarianten hinzunehmen und Verschwendung durch Over-Engineering im Sinne des Lean Gedankens durch falsche Vorfestlegungen im Systementwurf auf ein Minimum reduzieren.

Das zentrale Organ dieses Produktionssystems ist der Mensch, der das dynamische Wertschöpfungssystem als Dirigent orchestriert und damit die Produktionsumgebung gemäß den Anforderungen des Produktionsprozesses gestaltet. Dieser Ansatz bietet sowohl für die Mitarbeitenden in der Produktion als auch für das Unternehmen Vorteile. Die Mitarbeitenden in der Produktion können den eigenen Arbeitsplatz im Hinblick auf präferierte Arbeitsabläufe und ergonomische Einstellungen optimieren und die individuell bevorzugten Werkzeuge und Komponenten nutzen. Durch die Öffnung von Handlungsfreiräumen und Freiheitsgraden in der Produktionsgestaltung erhöht sich die Ganzheitlichkeit der Arbeitsaufgabe und damit die intrinsische Motivation des Einzelnen [1]. Für das Unternehmen ergeben sich Vorteile, da das Produktionssystem durch seine Struktur schneller auf Änderungen reagieren kann, indirekte Aufwände ohne direkten Beitrag zur Wertschöpfung reduziert werden können und die höhere Motivation des Einzelnen für einen kontinuierlichen Verbesserungsprozess mit höher Eigenverantwortlichkeit genutzt werden kann.

Die Fluide Produktion ist damit ein soziotechnisches System, das die Rolle und das Wirken des Menschen aktiv in die Gestaltung des Produktionssystems und seiner Betriebsmittel miteinbezieht. Der Begriff „fluide Produktion" entspringt dabei der Vision, dass sich cyber-physische Produktionssysteme (CPS) permanent bedarfsgerecht neu zu Betriebsmitteln und Montagestationen zusammenschließen. Hierdurch passt sich die Produktion – ähnlich einem Fluid, das seine äußere Form gemäß den auf es wirkenden Drücken anpasst – stets optimal an den aktuellen Bedarf an. Weiterhin kann durch die Metapher der Viskosität eines Fluidpartikels die Fähigkeit zur Wandlung adressiert werden. Je geringer die Viskosität eines vorliegenden Produktionssystems aus CPS ist, desto besser lässt sich dieses an neue Randbedingungen in kurzer Zeit anpassen. Eine hohe Viskosität des Systems steht dementsprechend einer Wandlung entgegen und sollte in der Auslegung berücksichtigt werden. Eine Übersicht über die wichtigsten Aspekte der fluiden Produktion zeigt Abb. 12.1.

Adressiert werden die bereits benannten Herausforderungen der steigenden Unsicherheit und strukturellen Varianz des Automobilbaus, die wachsende Komplexität der Produktions- und Logistikprozesse und die daraus resultierende schlechte Beherrschbarkeit der Produktionstechnik durch den Menschen. Diesen Herausforderungen wird durch die fünf Hauptelemente der fluiden Produktion begegnet:

- Der Einbindung des Menschen in die Gestaltung der Produktion,
- der Unterstützung wandlungsfördernder Prozesse in der Inbetriebnahme und Qualifizierung,
- der Trennung von Produkt und Betriebsmittel,

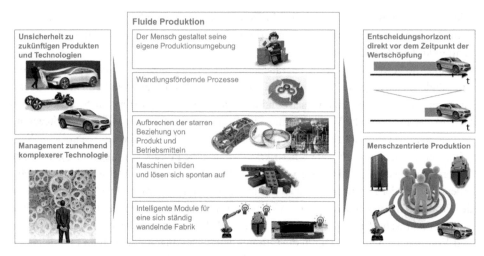

Abb. 12.1 Vision des Vorhabens fluide Produktion

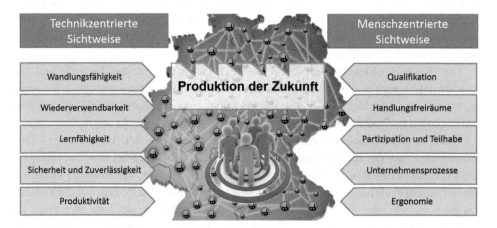

Abb. 12.2 Technikzentrierte und menschzentrierte Sichtweise des Projekts und relevante Handlungsfelder beider Sichtweisen

- der dynamischen Bildung von Maschinen und
- der Intelligenz der Betriebsmittelmodule.

Das Resultat ist ein anthropozentrisches Produktionssystem, das es erlaubt Entscheidungen erst unmittelbar vor dem eigentlichen Zeitpunkt der Wertschöpfung zu treffen.

Um all diese Aspekte zu adressieren, muss die Gestaltung zukünftiger Produktionssysteme einerseits menschzentriert und andererseits technikzentriert betrachtet werden (Abb. 12.2). Die Handlungsfelder auf technischer Seite sind dabei die Erhöhung der

Wandlungsfähigkeit der Betriebsmittel, das Ermöglichen der Wiederverwendung von Betriebsmitteln, die Steigerung der Autonomie der Automatisierungstechnik durch eigene Lernfähigkeit, das Gewährleisten von Sicherheit und Zuverlässigkeit ohne manuelle Auslegungs- und Qualifizierungsprozesse und das Sicherstellen der Produktivität und Qualität trotz kontinuierlicher Änderung der Prozesse und Randbedingungen. Aus der menschzentrierten Sichtweise liegen die wesentlichen Handlungsfelder im Management der Mitarbeiterkompetenz und -qualifikation, der Nutzung der menschlichen Kreativität durch gezieltes Schaffen von Handlungsfreiräumen, der Erhöhung der Partizipation angesichts einer alternden Gesellschaft, der Anpassung der Unternehmensprozesse an eine sich ständig ändernde Produktion und die Verbesserung der Arbeitsergonomie.

Das Projekt gliedert sich zu diesem Ziel in fünf Teilprojekte:

- Im **ersten Teilprojekt (TP1)** werden fluide Produktionen – in enger Zusammenarbeit mit dem Schwesterprojekt FlexCAR (siehe – Kap. 1) geplant und auf Industrie-4.0-Services aufbauende Geschäftsmodelle entwickelt. Zentraler Aspekt bei der Planung fluider Produktionen ist stets die Einbeziehung der Bedarfe des Menschen als zentrales Moment der technischen Entwicklung.
- Im **zweiten Teilprojekt (TP2)** werden die cyber-physischen Module des fluiden Produktionssystems als „produktionstechnische Fluidpartikel" entwickelt und prototypisch umgesetzt.
- Das **dritte Teilprojekt (TP3)** vertieft Fragen der Produktionssteuerung von der Auftrags- bis zur Echtzeitsteuerung und widmet sich der Spezifikation der CPS als Industrie-4.0-Komponenten. Ebenso werden die identifizierten, datenbasierten Geschäftsmodelle prototypisch implementiert.
- Im **vierten Teilprojekt (TP4)** wird untersucht, welche Methoden und Unternehmensprozesse notwendig sind, um die mittels der in TP2 und TP3 erarbeiten technischen Ergebnisse möglicher Wandlungsfähigkeit in der betrieblichen Praxis nutzbar zu machen; hierzu zählen insbesondere die Freigabe von sich ändernden Betriebsmitteln und die Gestaltung der Arbeit in einem sich ständig ändernden Produktionssystem.
- Im **fünften Teilprojekt (TP5)** wird die fluide Produktion am Beispiel von zwei Produkten umgesetzt und getestet. Die Adaptionsfähigkeit der fluiden Produktion wird dabei durch die Umstellung auf ein zum Planungszeitpunkt unbekanntes Produkt dargestellt und evaluiert.

12.3 Aktuelle Herausforderungen der Automobilproduktion

Die Mobilität unterliegt einem rasanten Wandel. Um gestiegenen Anforderungen an die Umweltverträglichkeit gerecht zu werden, finden neue, alternative Antriebskonzepte ihren Weg in den Markt. Neue Materialien und Bauweisen erlauben die Senkung des Fahrzeuggewichts. Durch Urbanisierung und Digitalisierung und den damit einhergehenden Wertewandel in der Gesellschaft entwickeln sich neue Geschäfts- und Nutzungsmodelle für

Fahrzeuge. Der vorhersehbare Einzug des autonomen Fahrens wird einen tief greifenden Einfluss auf die Mobilität der Zukunft haben. All diese Entwicklungen erfordern ein radikales Umdenken – auch in der Produktion von Fahrzeugen. So ist einerseits von einer immer stärkeren Personalisierung von Fahrzeugen auszugehen. Diese Fahrzeuge werden individuelle Kundenbedürfnisse noch viel stärker als heute befriedigen und ähnlich wie in der Anfangszeit des Automobilbaus Unikate sein. Andererseits sind auf Basis von Geschäftsmodellen der Shared Economy auch Fahrzeugflotten mit tausenden identischen Fahrzeugen denkbar. Die Automobilproduktion der Zukunft muss für beide Szenarien produktionstechnische Lösungen anbieten, auch wenn beide in erster Annäherung nur wenig gemein haben.

Gleichzeitig ändert sich das gesellschaftliche Umfeld rasant, in dem diese Produktion verankert ist. Demographischer Wandel, Globalisierung, Fachkräftemangel und der immer schneller voranschreitende Technologiewandel erfordern ein radikales Umdenken in Bezug auf die Rolle des Menschen in der Produktion. Gefragt sind Ansätze in der Produktion, die den Menschen und seine Bedürfnisse wie auch seine Fähigkeiten in den Mittelpunkt der Gestaltung und des Betriebs der Produktion stellen.

12.3.1 Einbeziehung des Menschen in die Produktion

Bisherige Produktionsanlagen werden mit einem Fokus auf das Produkt und der Wertschöpfung an diesem Produkt geplant. Gleiches gilt für die Gestaltung der Arbeit in der Produktion: Die Arbeit der Mitarbeitenden in der Produktion wird hierbei nachrangig geplant und an den Bedarfen des Produkts und der Produktionstechnik ausgerichtet. Die aus dieser Vorgehensweise resultierenden Produktionen hemmen die Erzielung von Verbesserungen in Produktivität und Anpassungsfähigkeit der Produktion. Dies führt zu Produktionen, die den Menschen nur unzureichend einbinden, aber technisch sehr komplex und somit für den Mitarbeitenden in der Produktion schwer beherrschbar sind. Darüber hinaus behindern heutige Unternehmensprozesse die aktive Anpassung von Produktion und Arbeit. Die produktzentrierte Planung und deren komplexe Produktionstechnik führt zu spezialisierten Qualifikationsprofilen, die wiederum die Abstimmung von Qualifikationsbedarf und Qualifikationsanforderungen in der Produktion erschweren. Diese vier zentralen Hemmnisse, die gleichzeitig die Problemlage aus menschzentrierter Sicht darstellen, werden im Folgenden näher ausgeführt.

Mangelnde Einbindung des Menschen in das Produktionsumfeld
Abläufe und Struktur der Produktionsumgebung werden in heutigen Produktionen fest vorgegeben und dem Menschen weitestgehend aufgezwungen. Die Mitarbeitenden in der Produktion sind meist nur zu geringem Anteil in die Gestaltung ihrer Umgebung sowie der Arbeitsabläufe eingebunden und können diese nicht selbsttätig verändern. Damit wird ihnen die Möglichkeit genommen, schnell auf Veränderungen oder auch Ineffizienzen zu

reagieren und das lokale Umfeld zu optimieren. Dies trifft in besonders starkem Maß auf die Arbeit mit automatisierten oder teilautomatisierten Systemen zu.

Die Unterbindung dieser lokalen Optimierungszyklen führt einerseits zu Verschwendung, da die Problemlösungskompetenz der die Produktionsabläufe täglich und direkt beobachtenden Mitarbeiter nicht oder nur über langwierige Änderungsprozesse genutzt wird. Zum anderen werden die Mitarbeitenden demotiviert, da diese täglich mit von ihnen als nicht optimal angesehenen Abläufen und Betriebsmitteln arbeiten müssen, wodurch langfristig die Motivation zur Optimierung der eigenen Produktivität im Sinne des Unternehmens abhandenkommt. Wie in der Führungsliteratur beschrieben [2] kann nicht erwartet werden, dass Mitarbeitende Verantwortung für die Produktivität übernehmen, wenn ihnen die notwendigen Gestaltungskompetenzen nicht übertragen werden. Eine aktive Einbindung der Mitarbeitenden in die Gestaltung und Veränderung ihrer Umgebung kann bewirken, dass diese sich stärker verantwortlich für die Optimierung der Gesamtproduktivität des Unternehmens fühlen und motiviert im Sinne des Unternehmens handeln.

Komplexität der Beherrschung der Produktionstechnik
Die Gestaltung der Produktionstechnik aus Sicht des Produkts führt zu hochkomplexen Betriebsmitteln und Maschinen, die nur durch Fachleute angepasst, repariert und instandgehalten werden können. Die Anforderungen steigen immer weiter, da neue Technologien, wie z. B. der zunehmende Einsatz hochkomplexer und spezifischer Sensorik oder die automatische Planung von Bewegungsprogrammen, verstärkt Einzug in die Produktion halten. Auch auf Produktseite steigen die Anforderungen durch kürzere Produktlebenszyklen und immer höhere Individualisierungsansprüche, was zu mehr Derivaten und Produktvarianten führt. So werden in kürzeren Abständen Inbetriebnahmen erforderlich und der Aufbau und die Inbetriebnahme der Produktionsbetriebsmittel wird zunehmend komplexer, was langfristig immer stärker spezialisierteres Fachwissen erfordert und die Anzahl der Spezialisten in der Anlagenbetreuung wachsen lässt. Diese Spezialisten sind heute in indirekten Bereichen, wie z. B. in der Instandhaltung und dem Betriebsmittelbau angesiedelt. Durch das Wachstum dieser indirekten Bereiche entstehen wiederum hohe Aufwände, da entsprechende Personalkapazitäten vorgehalten werden müssen und oft nicht sofort vor Ort verfügbar sind. Hierdurch werden hohe, nicht wertschöpfende Aufwände verursacht und die Reaktionsfähigkeit der Fabrik sinkt.

Die menschzentrierte Gestaltung von Betriebsmitteln macht die Beherrschbarkeit der Produktionstechnik durch Nicht-Experten und die Kapselung der internen Komplexität der Technik zu einem zentralen Gestaltungskriterium der Betriebsmittel. Sie zielt darauf ab, Interaktionen zwischen Mensch und Technik an den Qualifikationen des bedienenden Menschen auszurichten. Hierdurch kann die Nutzung einer größeren Anzahl an Funktionen der Betriebsmittel in der Produktion demokratisiert werden und der Bedarf nach dem Vorhalten von spezialisiertem Expertenwissen in indirekten Bereichen reduziert werden. Die Produktion kann dadurch schneller und kostengünstiger auf Änderungen und Abweichungen in ihrem Umfeld reagieren.

Wandlungshemmende regulatorische und unternehmensinterne Prozesse
Zahlreiche Forschungsprojekte haben in den vergangenen Jahren die technische Realisierung von wandlungsfähiger Produktion adressiert und erhebliche Fortschritte in der Wandlungsfähigkeit von Betriebsmitteln hervorgebracht. Obwohl weitere technische Forschung notwendig ist, findet bereits heute ein Transfer wandlungsfähiger Technologien in die Praxis statt, wie z. B. die Modularisierung von Betriebsmitteln. So wurden etwa das APAS-System von Bosch oder die wandlungsfähige Mitfahrplattformen bei Daimler (siehe Abschn. 10.4) schon erfolgreich in längeren Betriebsversuchen in der realen Produktion erprobt. Dabei zeigt sich, dass gerade die internen Unternehmensprozesse und regulatorischen Vorgaben erhebliche Wandlungshemmnisse darstellen. So können heute bereits Roboter realisiert werden, die innerhalb weniger Minuten technisch an einen neuen Arbeitsplatz umgezogen werden können. Dies macht jedoch eine komplette Neubewertung der Anlagensicherheit notwendig, die unter Umständen mehrere Tage oder sogar Wochen benötigt. Die Probleme beziehen sich dabei, neben der Sicherheitsfreigabe sich rekonfigurierender Anlagen, auf unternehmensinterne Freigabeprozesse nach Änderungen. Hierzu zählen beispielsweise die Qualitätssicherung, die auf kurzfristige Betrachtungshorizonte ausgelegte Art der Kosten- und Nutzenbewertung von Produktionstechnik im Unternehmen und die Steuerung von Änderungsprozessen im Unternehmen.

Die Entwicklung wandlungsfähiger Produktionstechnik muss daher neben der technischen und planerischen Sicht die Prozesssicht der Unternehmen und die regulatorischen Prozesse stärker miteinbeziehen.

Änderung von Arbeitsplätzen und Qualifikationsprofilen
Die kontinuierliche Rekonfiguration der Produktion an externe Faktoren führt zwangsläufig zu einer kontinuierlichen Anpassung der Arbeitsplätze, Aufgabenumfänge und Qualifikationsbedarfe. Dieser kontinuierliche Änderungsprozess kann jedoch nur erfolgreich sein, wenn er durch die Mitarbeitenden in der Produktion aktiv unterstützt wird.

Heute führen Änderungen von Arbeitsplätzen bei den betroffenen Mitarbeitenden sehr häufig zu Ängsten vor einer Abwertung der eigenen Aufgabe oder gar einem vollständigen Arbeitsplatzverlust. Dem kann nur begegnet werden, wenn es gelingt, Transparenz bezüglich der Änderungsprozesse und der Rolle der Mitarbeiter im Gesamtkontext der Produktion des Unternehmens zu schaffen. Hierfür sind entsprechende organisatorische und technische Maßnahmen notwendig, um Mitarbeiter fortwährend in diesen Veränderungs- und Gestaltungsprozess zu integrieren.

Darüber hinaus müssen berufsvorbereitende und berufsbegleitende Qualifizierungsangebote auf die geänderten Anforderungen angepasst werden. So muss die Kompetenz der kontinuierlichen Anpassung zu einem expliziten Gegenstand der beruflichen Bildung werden. Darüber hinaus müssen Mitarbeiter in die Lage versetzt werden, sich nach Produktionsänderungen fehlende Kompetenzen schnell und möglichst während der wertschöpfenden Tätigkeit anzueignen. Dies ist nur mittels Produktionstechnik möglich, die ihre eigene Komplexität gegenüber dem Menschen kapselt und ihn zudem bei der Ausführung der Arbeitsaufgabe informatorisch oder physisch unterstützt. Diese Assistenz ermöglicht es, Mitarbeitenden mit einem universellen Set an Qualifikationen zwischen einer größeren Anzahl an Arbeitsumfängen rotieren zu lassen.

12.3.2 Menschzentrierte Produktionstechnik

Heutige Fertigungssysteme sind monolithisch aufgebaut und nicht auf Veränderungen von Produkt oder Produktionstechnik vorbereitet. Dies gilt vor allem für die Automobilindustrie, aber auch für andere Produktionen mit einer hohen Stückzahl. Im Projekt *ForschFab* konnte gezeigt werden, dass ein Aufbrechen der linearen Fertigungsstruktur in der Fahrzeugproduktion möglich ist. Diese Art der Fertigung besitzt jedoch weiter Fixpunkte, die einer klassischen Fließbandfertigung nach Taylor und Ford entsprechen:

- Die einzelnen Module sind in sich integriert und bilden eine Maschine mit definiertem Fertigungsumfang. Dies schränkt die Veränderungsmöglichkeiten an den eigentlichen Fertigungsprozessen ein.
- Die Integration der Modulkomponenten wurde durch Ansätze wie Plug&Produce und die Gelben Seiten der Produktion vereinfacht. Die Verantwortung zur Steuerung der Anpassung folgt jedoch nach wie vor weitgehend mit klassischen Methoden der Ingenieurswissenschaft. Die Änderungen der Anlagen werden noch immer manuell geplant und zu vorab fest definierten Zeitpunkten realisiert. Hierdurch ist die Veränderungsgeschwindigkeit durch die Geschwindigkeit der involvierten indirekten Bereiche bestimmt, wie z. B. der Produktionsplanung.
- Der die gesamte Linie überspannende Takt kann durch die flexible Verkettung aufgelöst werden. Die einzelnen Module verfügen jedoch nach wie vor über definierte, feste Fertigungsinhalte und einen geschlossenen Prozesszyklus. So werden die in den Modulen vorhandenen Betriebsmittel häufig nicht optimal ausgelastet, da sie auf die Fertigstellung anderer Prozesse warten.
- Die klassische Trennung von Logistik und Wertschöpfung bleibt bestehen. Transportprozesse werden in der Regel nicht wertschöpfend genutzt und sind der Produktion nach- bzw. untergeordnet, was oftmals mit Insuffizienzen einhergeht.

Die Erfahrungen aus *ForschFab* legen nahe, dass ein weiteres Aufbrechen fester Strukturen in der Produktion für eine deutliche Verbesserung und Steigerung von Produktivität und Effizienz notwendig ist. Dies ist möglich, da durch Digitalisierung und die damit einhergehende Vernetzung der Betriebsmittel die entstehende Komplexität beherrschbar wird. Die so entstehenden Freiräume bilden die Basis zur Gestaltung der Produktionsumgebung durch den Menschen.

Die technischen Hemmnisse, die dieser Herausforderung zugrunde liegen, sind dabei die monolithische Gestaltung der heutigen Produktionstechnik in Hardware und Steuerung, die mangelnde Expressivität der Schnittstellen durch das Fehlen von Kontextinformationen, die statische Planung der Produktion und die hohen Integrationsaufwände bei Änderungen an der Anlagentechnik.

Monolithische Strukturen der Betriebsmittel

Heutige Produktionen werden explizit und manuell für die geplanten Produkte und den beabsichtigten Produktionsumfang integriert. Dabei entstehen monolithische, schwer änderbare Systeme deren Umbau einen hohen Aufwand verursacht und viel Zeit benötigt. Eine schnelle Anpassung an geänderte Bedarfe und eine Wiederverwendung von Betriebsmitteln nach einem Umbau ist nur in geringem Maße möglich. Die Struktur wird auf Basis von Prognosen des Produktionsvolumens und des zu erwartenden Produktportfolios geplant. Oft können die so entstandenen Produktionen in der Realität nicht an diesem für sie optimalen Betriebspunkt betrieben werden. Über den Lebenszyklus eines Produkts betrachtet, ist eine Anpassung an das real benötigte Produktionsvolumen meist nicht möglich bzw. unwirtschaftlich. Es entsteht Verschwendung durch das Vorhandensein nicht benötigter, aber bezahlter Produktionskapazität oder durch eine mangelnde Bedienung der Marktnachfrage durch fehlende Produktionskapazitäten. Oft ist zudem eine Integration verschiedener Montagesysteme nur innerhalb existierender Produktfamilien möglich. So ist die Integrierbarkeit von Steuerungen aufgrund der Inkompatibilität der Schnittstellen zwischen verschiedenen Herstellern oft nicht oder nur sehr aufwendig möglich und mit zahlreichen funktionalen Nachteilen behaftet.

Die fluide Produktion strebt eine vollständige Zerlegung der monolithischen Systeme in intelligente Module in Form cyber-physischer Systeme (CPS) an. Diese Module können schnell und auf Basis einer integrierten Selbstbeschreibung miteinander in Kontakt treten und interagieren.

Mangelnde Kontextinformationen zu Daten und Komponenten

Heutige Produktionsanlagen erzeugen eine hohe Zahl von Daten, die in der Regel nicht aufbereitet, gespeichert und genutzt werden. So wird die Möglichkeit vertan, wertvolle Informationen über die aktuell ablaufenden Produktionsprozesse und deren Zustände zu gewinnen. Die datentechnischen Schnittstellen zwischen den einzelnen Komponenten sind meist manuell integriert und nur in der Lage, den fest eingestellten Kommunikationsumfang zu übertragen. Dies liegt daran, dass die Übermittlung von Informationen ohne Kontext in Form einer semantischen Beschreibung erfolgt. Sender und Empfänger müssen unabhängig voneinander wissen, was die übertragenen Daten bedeuten. Auch die Funktionen und Fähigkeiten der einzelnen Komponenten des Produktionssystems sind nicht explizit beschrieben. Dies verhindert, dass die einzelnen Komponenten in einer anderen Form als der zum Auslegungszeitpunkt beabsichtigten und eingestellten Art und Weise zusammenarbeiten können. Um Daten über den gesamten Lebenszyklus der Komponenten nutzbar zu machen und die Komponenten interagieren zu lassen, wird eine durchgängige semantische Beschreibung der Betriebsmittel benötigt. Diese semantische Beschreibung muss die in der Automobilindustrie üblichen Prozesse und Fertigungsorganisation abbilden und die Möglichkeit bieten, allen entstehenden Informationen Kontext zu geben. Momentan existiert kein einheitliches semantisches Vokabular für die Automobilproduktion, was im Rahmen des Vorhabens geändert werden soll.

Mangelnde Dynamik in der Planung und Steuerung von Produktionen
Heute praktizierte Verfahren zur Produktionsplanung und -steuerung (PPS) gehen von einem bekannten Produktionssystem und Planungshorizonten von Stunden oder Tage aus. Diese Einschränkungen machen solche Verfahren zu statisch für die Steuerung wandlungsfähiger Produktionen.

Eine steigende Wandlungsfähigkeit in der Fabrik erweitert zunächst die Freiheitsgrade für Entscheidungen: Beispielsweise sind Anpassungen von Kapazitäten, Arbeitsverteilung, Operationsreihenfolge oder auch Fabriklayout sehr viel kurzfristiger möglich – also mit kürzerer Entscheidungsvorlaufzeit und -aufwänden umsetzbar. Das verändert die Entscheidungsstruktur grundlegend: Ist eine starre Fabrik durch eine Entscheidungsstruktur mit klar abgrenzbaren Horizonten respektive Entscheidungsvorlaufzeiten gekennzeichnet, verschwimmt diese in einer wandlungsfähigen Fabrik. Abb. 12.3a zeigt diese Zusammenhänge qualitativ.

Wandungsfähige Unternehmen lösen die herkömmlich klar strukturierte Entscheidungspyramide, die sich in der klassischen Automatisierungspyramide von Shop Floor-, MES- und ERP-Ebene widerspiegelt, auf. Dies wirkt beispielsweise auch auf die Aufgabenverteilung zwischen Fabrikplanung (FAP) und Produktionsplanung und -steuerung (PPS): Waren diese früher streng in Gestaltungsphase (FAP) und Betriebsphase (PPS) getrennt, vermengen die immer kurzfristigeren Entscheidungen diese Aufgaben zwangsläufig (Abb. 12.3b).

Diesen erweiterten Möglichkeiten stehen höhere logistische Anforderungen gegenüber: Gesellschaftstrends wie ein stärkeres Umweltbewusstsein, geänderte rechtliche Rahmenbedingungen sowie kurzfristigere Kundenauftragsänderungen verringern im Allge-

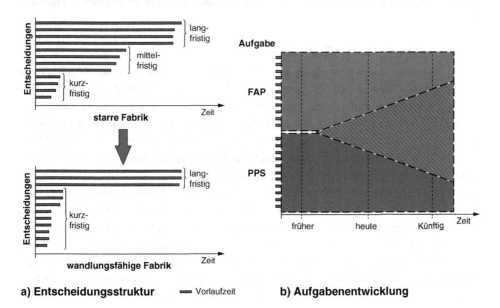

a) **Entscheidungsstruktur** ▬ Vorlaufzeit   b) **Aufgabenentwicklung**

Abb. 12.3 Aufgabenvermengung Fabrikplanungs- und PPS-Aufgaben

meinen die Prognostizierbarkeit der Märkte. Im kurz- bis mittelfristigen Bereich drückt sich dies in verstärkten Bedarfs- und Abrufschwankungen in der Lieferkette der Automobilindustrie des OEM und seinen Zulieferern aus.

Die Vermengung von Gestaltung und Betrieb bei immer kürzeren Planungshorizonten stellt neue Anforderungen an die Produktionsplanung und -steuerung (PPS), die mit heutigen, statischen Verfahren nicht erfüllbar sind. Sie erfordern daher eine deutlich leistungsfähigere PPS. Im kurzfristigen Bereich betrifft dies insbesondere die Produktions- und Versorgungslogistik mit den Aspekten:

- Produktionssteuerung (erweitert die klassischen vier Fertigungssteuerungsaufgaben – Auftragsfreigabe, Reihenfolgebildung, Kapazitätssteuerung und Auftragserzeugung – um mindestens zwei weitere: Arbeitsverteilung, Operationsreihenfolgebildung),
- Transportsteuerung (die innerbetriebliche Materialbereitstellung) und
- Versorgungssteuerung (die logistische Anbindung der Zulieferer inklusive der Bereitstellungsformen).

Basierend auf den bereits erwähnten (Re-)Konfigurationsmöglichkeiten ergeben sich diesbezüglich Möglichkeiten zur kurzzyklischen Anpassung von

- Ort (d. h. Layout) sowie
- Kompetenz (technische Bearbeitungsmöglichkeiten).

Diese planerischen Freiheitsgrade müssen von zukünftigen PPS-Ansätzen mit bedient werden, um das oben beschriebene Potenzial wandlungsfähiger Produktionen nutzen zu können.

Hohe Anlaufaufwände bei Änderungen

Bisher erforschte Ansätze in Bezug auf Wandlungsfähigkeit zielen in der Regel auf eine einfache Umbaubarkeit (Rekonfiguration) von Produktionsanlagen ab. Dies soll es dem Nutzer der Anlagen ermöglichen, ohne Hinzuziehen eines Systemintegrators Änderungen an den Anlagen durchzuführen und sie dadurch an den akuten Bedarf in der Produktion anzupassen. Es ist wichtig, in diesem Kontext zu verstehen, dass die Produktivität, Qualität und Verschwendungsarmut einer realen Produktion in der Regel das Ergebnis einer Optimierung über einen längeren Zeitraum darstellt. Jede grundlegende Änderung an diesem System erfordert eine Neukalibrierung der angewendeten Vorgehensweisen und Parameter. Dies bedeutet jedoch auch, dass beim Aspekt der Wandlungsfähigkeit neben der technischen Anpassbarkeit der Anlagen insbesondere die Prozesse zum Einfahren der Prozesse und der gesamten Produktion verstärkt betrachtet werden müssen. In diesen Prozessen liegen in der Regel die tatsächlichen Wandlungshemmnisse. Beispielsweise sind zur Anpassung von Greifer und Vorrichtungen einer Anlage im Automobilrohbau zwar hohe Aufwände erforderlich, weitaus gravierender ist jedoch, dass ein erneutes Einfahren der Anlage erforderlich wird, das oft Tage oder teils sogar mehrere Wochen in Anspruch nehmen kann. Es besteht daher erheblicher Handlungsbedarf in der Optimierung des Produktionssystems. Ein Ansatzpunkt in dieser Richtung ist insbesondere die Einführung neuer Geschäftsmodelle in Betrieb und Optimierung von Komponenten, z. B. durch den Hersteller, die sich explizit mit diesen Fragstellungen auseinander setzen.

Die soeben beschriebene Problemlage bezieht sich auch auf die Geschäftsmodelle im Anlagenbau. Typischerweise stellen Integrations- und Modifikationstätigkeiten eine wichtige Einnahmequelle für Systemintegratoren dar. Diese haben daher eine geringe Motivation zur Entwicklung von Technologien zur Verringerung selbiger. Das bestehende Geschäftsmodell führt so zu einem Zielkonflikt zwischen Anlagenbetreiber und Anlagenintegrator. Eine Adressierung der beschriebenen Problemlage muss daher auch immer die Geschäftsmodelle im Anlagenbau betrachten. Es sind Möglichkeiten zu finden, wie Anlagenbauer an der Effizienzsteigerung der Anlagen im Betrieb durch die von ihnen getroffenen Maßnahmen partizipieren können.

12.4 Ziele des Verbundvorhabens

Das Gesamtziel des Verbunds ist die Realisierung eines menschzentrierten fluiden Produktionssystems. In diesem fluiden Produktionssystem sind sämtliche Betriebsmittel als cyber-physische Systeme ausgeführt und verfügen über die Fähigkeit zur Selbstbeschreibung. Sie kapseln dabei ihre Komplexität vor dem Menschen und sind weitestgehend ortsflexibel. Der Mensch kann diese „Fluidpartikel" der Produktion nutzen, um sein Produktionsumfeld täglich zu gestalten und an den aktuellen Bedarf, sowohl aus Unternehmenssicht als auch aus Sicht des Menschen, anzupassen. Damit zielt das Projekt auf eine weitgehende Eliminierung von Integrationstätigkeiten und indirekten Tätigkeiten zur Anpassung der Produktionsanlagen. Dies erfordert ein Überdenken der im Anlagenbau etablierten Geschäftsmodelle, da ebendiese Tätigkeiten für die Systemintegratoren als zentrale Innovatoren der Produktionsentwicklung eine wichtige Einnahmequelle sind. Im Fokus steht daher ein mögliches zukünftiges Wertschöpfungsgefüge im Anlagenbau aufzuzeigen und prototypisch zu erproben. Über die oben beschriebene Realisierung des Produktionssystems zielt das Projekt auf den Entwurf von die Wandlung unterstützenden Unternehmensprozessen ab.

Die Arbeiten der Fluiden Produktion wurden im Herbst 2018 gestartet. Kontinuierliche Fortschritte und Demonstrationen der Ergebnisse können in der ARENA2036 in Stuttgart besichtigt werden. Es wird angestrebt die Ergebnisse einer breiten Öffentlichkeit zu kommunizieren und Brücken zu ähnlichen Forschungsvorhaben der vernetzten, adaptiven Produktion zu schlagen. Weiterhin steht eine enge Verknüpfung mit den Schwesterprojekten Agiler Innovationshub, Digitaler Fingerabdruck und FlexCAR im Mittelpunkt der Arbeiten (vgl. Kap. 1). Innovative Produktionsforschung kann nicht mehr solitär aus der Sichtweise der Betriebsmittel und Produktionstechnologien erfolgen, sondern muss vielmehr eine Konvergenz von Produktentstehung und Produktlebenszyklus beinhalten. Der Aspekt der Zusammenarbeit heterogener Projektteams und des zugehörigen Wissensmanagements in sich dynamisch konstituierenden Gruppen in verschiedenen Domänen der Automobilindustrie steht dabei im Fokus der Betrachtungen. Nur so kann weiteres Potenzial der Optimierung und Innovation im Bereich der Automobilforschung gehoben werden, was den Produktions- und Automobilstandort Deutschland und insbesondere der Region Stuttgart langfristig voranbringt.

Literatur

1. Sichler R (2006) Autonomie in der Arbeitswelt. Vanderhoeck & Ruprecht, Göttingen
2. Leibundgut A (2010) Organisation: Praxisbeszogenes Lehrmittel für höhere Fachschulen. Books on Demand, Norderstedt

Stichwortverzeichnis

© Springer-Verlag GmbH Deutschland, ein Teil von Springer Nature 2020
T. Bauernhansl et al. (Hrsg.), *Entwicklung, Aufbau und Demonstration einer
wandlungsfähigen (Fahrzeug-) Forschungsproduktion*, ARENA2036,
https://doi.org/10.1007/978-3-662-60491-5